动力学系统稳定性与可达性分析及在结冰飞机中的应用

李颖晖 袁国强 徐浩军 吴 辰 著

科学出版社

北京

内 容 简 介

本书包含两方面内容：一是动力学系统的稳定性和可达性分析，主要论述动力学系统的稳定性分析方法、稳定域计算方法、可达性分析方法和可达集计算方法；二是动力学系统稳定性和可达性分析技术在结冰飞机中的应用，主要论述结冰飞机的建模方法、稳定域分析方法、飞行安全边界分析、安全预警与操纵指引。

本书是面向控制、航空宇航等专业研究生的动力学系统教程，读者需具备数学分析、线性代数、矩阵论和偏微分方程等基础知识。同时，本书也可作为飞行安全领域科研人员和工程技术人员的参考书。

图书在版编目（CIP）数据

动力学系统稳定性与可达性分析及在结冰飞机中的应用/李颖晖等著. —北京：科学出版社，2023.6

ISBN 978-7-03-075685-5

Ⅰ. ①动… Ⅱ. ①李… Ⅲ. ①结冰–影响–飞机–动力稳定性–研究②结冰–影响–飞机–飞行安全–研究 Ⅳ. ①V212.12 ②V328

中国国家版本馆CIP数据核字（2023）第102159号

责任编辑：张海娜　赵微微/责任校对：王萌萌
责任印制：吴兆东/封面设计：蓝正设计

科学出版社 出版
北京东黄城根北街 16 号
邮政编码：100717
http://www.sciencep.com

北京中科印刷有限公司 印刷
科学出版社发行　各地新华书店经销

*

2023 年 6 月第 一 版　开本：720×1000　1/16
2024 年 1 月第二次印刷　印张：11 1/4
字数：227 000

定价：98.00 元
（如有印装质量问题，我社负责调换）

前　言

　　动力学系统主要用于研究定义状态下物体的运动。动力学系统的稳定性与可达性分析技术是理论研究的热点，也是实践中把握复杂系统行为的有效方法。飞行系统的安全性涉及"人-机-环"多因素耦合，是典型的复杂系统。外界环境的变化会对飞行"人-机"系统产生重要影响。例如，结冰一直是威胁航空安全的重要气象因素。现代飞机的防/除冰技术不断发展，然而由结冰引起的飞行事故仍时有发生。随着我国航空工业的发展，航空运输必将在民用和军事领域发挥更大的作用。航班的增加将使得飞机在飞行中遭遇结冰环境的情况增多。为适应我国研制自主高端军用及民用运输类飞行器的进程，系统而深入地开展飞机结冰相关理论和技术研究具有重要而紧迫的现实意义。在此背景下，我们对动力学系统的稳定性和可达性分析进行研究，并尝试将其用于结冰飞机的安全性分析。

　　作为本书理论应用的主要对象，结冰飞机的建模对分析结论的准确性影响巨大。针对结冰飞机大迎角区域的气动特性，在风洞试验数据的基础上，本书对现有结冰影响估算模型进行修正。基于稳定流形和哈密顿-雅可比偏微分方程(Hamilton-Jacobi partial differential equation，HJ PDE)两种方法求解结冰飞机的纵向动力学稳定域。通过对比结冰条件下纵向动力学稳定域的变化，分析结冰对飞行安全的危害。

　　此外，本书还介绍用于安全验证与预测的可达集理论，重点研究安全集的含义、计算方法和涉及的相关函数，推导可达集和稳定域之间的关系，并据此提出一种基于 HJ PDE 估计稳定域的隐式算法。在此基础上，讨论结冰飞机安全边界的多重内涵，重点研究利用稳定域和安全集确定安全边界的方法。将结冰程度不确定性变量引入可达集分析理论，通过求解 HJ PDE 得到结冰飞机的多维安全边界，分析结冰对飞行安全的危害。然后，本书将飞行安全预警抽象成一个多变量耦合的推理过程，构建飞行安全预警的模糊推理系统。最后，本书提出一种基于数据库的结冰飞机安全预警与操纵指引系统。对其中的功能模块进行分析和设计，并提出基于平视显示器(head up display，HUD)的结冰飞机安全预警与操纵指引显示方案。在模拟器平台上对所提方法进行初步的实现和验证。

本书的出版得益于国家重点基础研究发展计划(973 计划)"飞机结冰致灾与防护关键基础问题研究"(2015CB755800)课题五"大飞机结冰多重安全边界保护和操纵应对方法研究及验证"(2015CB755805)和陕西省自然科学基础研究计划项目"飞机结冰诱发人机闭环系统飞行中失控机理和预防方法研究"(2021JQ-360)等的支持,项目组之间的交流给了作者很多启发。

限于作者水平,书中难免存在不足之处,敬请广大读者批评指正。

目　　录

第1章 绪 论

1.1 动力学系统稳定性研究现状

对于具有渐近稳定平衡点的非线性系统,仅通过线性化系统平衡点理论来分析系统的行为是不够的,重要的是确定系统被扰动到离平衡点多远处仍能恢复平衡。这便产生了稳定域(region of attraction,ROA)的概念。稳定域又可称为吸引区、吸引域。对于非线性系统,平衡点的稳定域通常是状态空间的子集。此外,非线性系统可以具有几个渐近稳定的平衡点,使得轨迹可以收敛到这些点中的一个。在实践中,系统应该在足够稳定的操作点下操作,这意味着操作点应该具有足够大的稳定域。因此,估计稳定域是一个重要的课题,并已在若干领域进行了广泛研究[1-4]。其目的是开发一种通用的方法,可以有效地计算稳定域,以达到任何所需的准确度。

通常,找到准确的稳定域是非常困难的。在术语"准确"中,我们并不是要提供稳定域的封闭形式描述。相反,我们希望通过便于数值计算的集合获得整个稳定域。计算精确稳定域的基本工具是 Zubov 方法[5-7]。Zubov 方法通过最优李雅普诺夫函数(Lyapunov function,LF)表示稳定域,该函数是一阶偏微分方程(partial differential equation,PDE)的解。前期进展包括 Zubov 方法对扰动系统的正则化和推广[8-10]。黏性解方法用于获得 Zubov 型方程的弱解。但是,必须提供辅助功能来解决 Zubov 型方程,这对于一般系统来说是困难的。确定稳定域的另一种方法是找到位于稳定域边界上的点(以下称为边界)。其基础是非线性系统的稳定平衡点通常不是全局稳定的,因此稳定域通常具有非空边界,边界由状态轨迹形成[11]。一些方法利用这种几何特征来构造一类系统的边界[12,13]。Chiang 等提出的方法,在可行的情况下,可以找到整个稳定域。该方法对系统的不变集结构有一定的要求。而对于一般的系统,其不变集结构可能会很复杂[14]。后来的进展包括关于边界上不稳定平衡数的定理[15,16]。然而,对于许多学科工程而言,如飞行动力学,状态变量被约束在一定范围内。换句话说,系统在受约束的状态空间中定义。因此,约束状态空间中通常不存在不稳定的平衡点,并且可能涉及极限集的计算。

根据李雅普诺夫逆定理,对于渐近稳定的平衡点,在稳定域上可定义 LF,

并且稳定域可以由 LF 精确描述[5,7]。然而，这种描述稳定域的方式不便于计算。另外，有多种近似方法通过计算不变集来提供稳定域的估计，所述不变集是本地 LF 的次级集。这些方法通常称为 LF 方法，因为次级集便于计算，LF 方法已被广泛研究[17-22]。然而，局部 LF 的子集通常只是稳定域的保守子集。为了减少保守性，提出了几种迭代方法。Chiang 等[22]通过迭代更新 LF，可以产生一系列严格单调递增的稳定域估计。然而，该序列尚未证明可以收敛到精确的稳定域。基于平方和(sum of squares，SOS)的多项式优化的最新进展使得为具有多项式或理性动力学的系统构造 LF 变得方便。有几种方法将稳定域的估计值公式化为迭代 SOS 优化问题，并在每次迭代时扩大估计值[23-25]。然而，基于 SOS 的当前迭代过程获得的估计序列也不能收敛到精确的稳定域。

用于计算稳定域的方法通常被分为李雅普诺夫方法和非李雅普诺夫方法。但是，这些方法也可以根据其代表边界的方式进行分类。现有方法可以分为两类：具有显式表示边界的方法和具有隐式表示边界的方法。通常，边界难以通过分析表达。因此，在显式表示中，明确记录边界上的点。边界由轨迹形成，因此一些方法通过明确地提供属于它的轨迹来表示边界。Chiang 等[12,13]提出的方法明确地给出这样的轨迹并利用它们来构建边界。因此，在显式表示中，可以直接获得属于边界的点的位置。但是，确定一个点是否属于稳定域是间接的，或者说是相当困难的。此外，尽管非线性系统罕见，但当平衡点全局稳定时，该方法将失效。

不同的是，在隐式表示中，边界通过在状态空间上定义并用水平集函数来描述。此外，可以通过简单地查看水平集函数的局部符号来检查点是否属于稳定域。如果水平集函数值在点 x 处为负，则 x 属于稳定域。一些方法采用 LF 作为水平集函数[17,18,20-25]。LF 由于可以通过分析表达，可以方便地估计稳定域。然而，LF 通常会导致严重的保守结果。这促使我们采用一般函数而不是 LF 作为水平集函数。本书提出的方法使用一般隐函数来表示稳定域和演化稳定域。与采用 LF 的方法相比，本书提出的方法可以计算稳定域以实现任何期望的准确度。

在数值实现中，边界的显式表示或隐式表示以离散化的方式存储。它们之间的显著区别是需要存储集合的维度。对于 n 维系统，隐式表示需要记录 n 维水平集函数。对于非空边界，边界是 $n-1$ 维的集合，因此显式表示只需要求解 $n-1$ 维的集合。然而，隐式表示将边界嵌入一个更高维度的域中，这使得测量和应用稳定域变得容易，可以容易地计算稳定域的几何量，如体积和到边界上最近点的距离。通过明确表示，几何量的计算是困难的。此外，隐式表示在概念上直接从二维移动到三维或更高维度。

1.2 动力学系统可达性研究现状

动力学系统可达性在从工程学到生物学和经济学的多个应用领域中都有重要作用，因此该问题已经在动力学和控制学中被广泛研究[26]。尤其是在研究混杂系统的安全问题中，可达性、不变性、安全性等概念获得了新的关注[27-29]。可达性概念的直接表征是生存理论所解决的主要问题之一[30]。

解决可达性问题的一种间接方法是使用最优控制，将可达集、生存集（又称安全集）和不变集归结为相应最优控制问题值函数的水平集，而相关值函数又可以归结为特定偏微分方程的解[26]。

关于可达性计算工具的研究一直以来都是一个研究热点[31]，混杂系统理论提供了一些可达性问题的直接方法，例如，对于某些连续动态系统，可以准确地计算其可达状态集[32]。对于一般系统，则发展出用于计算可达状态集的数值近似的工具[33,34]。

1.3 飞机结冰研究意义及现状

1.3.1 飞机结冰研究意义

飞机结冰是特定气象条件下水在飞机表面积聚成冰的现象。美国联邦航空管理局（Federal Aviation Administration，FAA）统计，1990~2000年由气象原因导致的飞行事故共3230起，其中与结冰相关的事故占12%[35]。飞机结冰对飞行安全有多方面的影响和危害，是导致飞行事故的重要因素[35,36]。许多重大飞行事故都与飞机失控（loss of control，LOC）有关[37-40]。研究指出，失控与外部因素或驾驶员不当操作导致的飞机超出安全边界有关[41, 42]，而结冰是导致飞机超出安全边界乃至失控的重要因素[36,43-45]。

几十年来，航空界采取了多种手段来减轻飞机结冰造成的危害，如发展防/除冰系统[46,47]、强化结冰条件下飞行科目的训练[48,49]等。尽管如此，结冰引起的飞行事故仍在不断发生[50-53]。美国国家运输安全委员会（National Transportation Safety Board，NTSB）的统计数据指出，1973~1977年结冰相关的飞行事故约占总事故的2.56%，1981~1988年结冰相关的飞行事故共计542

起，1998～2007 年达 565 起[54]。1978～2005 年，NTSB 在线数据库中共有 645 起飞行事故是由飞行过程中飞机结冰引起的[55]。同时期，美国国家航空航天局(National Aeronautics and Space Administration，NASA)报道了 299 起结冰引起的飞行事故。2006～2010 年，NTSB 和 NASA 报道了 228 起与结冰相关的飞行事故[56]。

从系统科学的角度看，飞行事故的发生通常是"人-机-环"复杂系统行为的结果[57]。在结冰条件下，飞机最普遍的遭遇是性能恶化、失控和失速[56]。结冰改变了飞机的外形，进而影响飞机的气动性、操纵性和稳定性等。通常，机翼和尾翼上结冰会使飞机阻力增大、升力减小、失速迎角减小、操稳品质下降。失控或失速的发生取决于结冰的严重程度和驾驶员的操纵。如果驾驶员对结冰条件缺乏足够的情景意识，采取了不当的操纵，则可能使飞机超出安全边界，引发飞行事故。

飞机结冰可能发生在起飞到着陆的各个阶段。结冰的位置也是多样的，如机翼、平尾、控制面、机身及外露传感器等部位。因此，结冰引发飞行事故的情形是多样的。

1. 起飞前机翼结冰引发飞机失速

如果起飞前飞机暴露在结冰气象条件中，飞机将在很短的时间内(通常只需数分钟)结冰，如图 1.1 所示。若地面人员未按照规定除冰，飞机带冰起飞，飞机可能会在起飞过程中失速，导致无法挽回的重大事故。例如，1989 年 3 月，在加拿大安大略州，一架 Fokker F-28 型飞机失速坠毁，原因是该飞机在大雪中等待了约半个小时，且起飞前没有再次除冰，飞机在机翼结冰的条件下起飞[58]。1991 年 2 月，在美国俄亥俄州，一架 DC-9-15 型飞机失速坠毁。原因同样是飞机在大雪中长时间等待，起飞前没有进行除冰操作，导致机翼结冰，飞机带冰起飞[59]。1992 年 3 月，在美国纽约，一架 Fokker F-28-4000 型飞机起飞不久后坠毁，事故原因是飞机起飞前结冰。该飞机进行过两次除冰操作，但起飞前又等待了 35 分钟，致使机翼下表面结冰。2004 年 11 月，在我国内蒙古，一架 CRJ-200 型飞机在包头机场附近失速坠毁。起飞前飞机在包头机场过夜，当时包头机场存在结霜(冰)气象条件，而飞机起飞前没有进行除霜(冰)操作。事故调查组认为，机翼受到霜(冰)污染致使飞机失速迎角减小，飞机在没有失速报警的情况下进入失速状态，进而导致坠毁。

图 1.1 停在跑道上的机翼结冰飞机

在飞机带冰起飞引起的诸多事故中,通常飞机在失速报警系统告警之前就已经进入了失速状态。驾驶员来不及将飞机改出,最终导致飞机坠毁。这主要是由机翼结冰使飞机的失速迎角减小造成的。重要的是,即便飞机只是结有较薄的冰(毫米级厚度),也会使飞机升力和失速迎角显著减小。如 Fokker F-28 机翼表面结有砂纸般厚度和粗糙度的冰形时,最大升力将减小 25%,失速迎角减小约 6°[58]。

因此在飞机起飞前,必须仔细检查机翼等部件的结冰情况,不能忽视薄冰的存在,必须严格按照规定进行除冰操作。

2. 带冰进近着陆引发的事故

带冰进近着陆是非常危险的,发生过许多严重的飞行事故。2001 年 1 月,在我国河南,两架运-8C 因平尾结冰在着陆过程中坠毁。2018 年 1 月,在我国贵州,一架运-8G 飞机在着陆时坠毁,调查结果指出,事故的原因是着陆时平尾有结冰。2009 年 2 月,在美国纽约,一架 DHC-8-402 型飞机在进近阶段失速坠毁,NTSB 的调查报告指出该事故的原因是,在飞机结冰的情况下,机组未能正确地选择和管理飞行速度,导致飞机失速。需要强调的是,该飞机在机翼、机身、尾翼、风挡等部位配备有结冰检测装置,并配有结冰保护系统(ice protection system,IPS)。在进近过程中,结冰检测装置检测到了结冰的存在,并在座舱中显示"检测到结冰"。然而并未进一步提示机组何时启用 IPS,驾驶员未能正确应对抖杆器的抖动,且未能监控好空速,最终导致飞机失速。1997 年 1 月,在美国密歇根州,一架 EMB-120 Brasilia 飞机在进近过程中失控坠毁。调查结果指出,飞机在结冰环境下降的过程中,机翼前缘逐渐积累了一层薄而粗糙的冰,而驾驶员没有意识到结冰的发生。NTSB 在本次事故中建议 FAA 应设置结冰条件下的最小空速。

3. 发动机吸入脱落冰块引发动力异常

通常，飞机发动机吸入机翼上脱落的雪、水、尘土等污染物时，并不会造成严重后果。但若吸入较大的冰块或大片的薄冰，则可能打伤发动机叶片导致较大的动力损失或动力不对称，甚至发动机停转。正常情况下，若机组人员操作得当，飞机仍能安全可控。但结冰条件下，飞机的性能已经发生变化。若驾驶员没有足够的预期，则可能操作失误，这些因素的综合作用可能导致飞机失控。发动机吸入机翼上脱落的冰块这种情况通常会发生在特定结构的机型中，如 MD-80 系列客机(图 1.2(a))。1991 年，在瑞典一架编号为 OY-KHO 的 MD-81 飞机，其发动机因吸入机翼上脱落的冰块而停转，最终坠毁并断成三截[60]，如图 1.2(b)所示。

(a) MD-80飞机外形　　　　　　　　　　(b) MD-81飞机坠毁

图 1.2　MD-80 飞机外形与 MD-81 坠毁现场

4. 大气数据传感器结冰导致测量数据不准

重要的传感器(如检测迎角和空速的传感器)结冰，将导致测得的飞行状态数据不准，严重影响飞行安全。2008 年 11 月，在法国佩皮尼昂，一架空客 A320 飞机失速坠毁，调查结果指出，事故的原因是在飞机清洗过程中攻角传感器进水并在高空中结冰，攻角传感器的可动部件被冻结而失效，导致飞机的失速保护功能失效，而机组人员没有意识到失速保护功能失效的问题，未能在飞机失速前进行正确操作[61]。正是由于大气数据传感器的重要性及其结冰后果的严重性，FAA 和欧洲航空安全局(European Aviation Safety Agency，EASA)都在其规章的修正案中对大气数据传感器的防/除冰系统提出了新要求[62]。

此外，飞机在巡航阶段比其他阶段更可能结冰。在 NTSB 报告的与结冰相关的飞行事故中，约有 40%结冰发生在巡航阶段[55,56]。这主要是由于巡航阶段的飞行时间占整个航班的时间最长。国内与结冰有关的飞行事故也有很多，如 2006 年 6 月，在我国安徽损失惨重的"6·3"事故。

另外，如果驾驶员操纵得当，有些结冰情形并不会导致事故，但其对飞机的性能和飞行经济性的影响仍然是显著的。商业上获得成功的民用飞机（如波音 737、空客 A320 系列飞机）都有着很高的运行经济性和较低的燃油消耗。结冰主要发生在升力面前缘，结冰的存在导致升力面几何外形改变，翼面流场产生扰动，阻力系数增大[63,64]。波音 737-200 型飞机机翼结冰对阻力系数的影响如图 1.3 所示[65]。

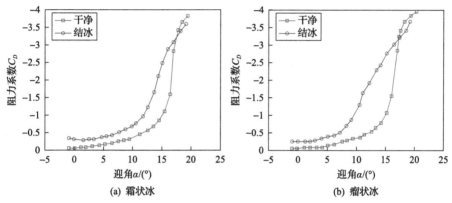

图 1.3 波音 737-200 型飞机机翼结冰对阻力系数的影响

由图 1.3 可知，结冰后波音 737-200 型飞机的阻力系数明显增大，这将使飞机的燃油消耗增加，降低了飞行的经济性。不仅如此，结冰对翼面流场的破坏还会使飞机的升力系数减小、失速迎角减小，增加了飞机失速的风险。波音 737-200 型飞机机翼结冰对升力系数的影响如图 1.4 所示[65]。

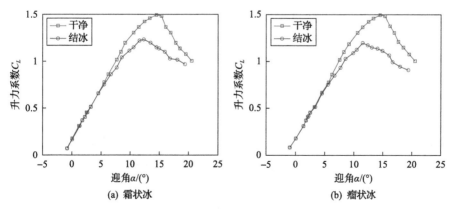

图 1.4 波音 737-200 型飞机机翼结冰对升力系数的影响

由图1.3和图1.4可知，结冰使得飞机的气动性能明显改变，进而影响飞机的经济性、稳定性、操纵性和安全性。

飞机结冰带来的诸多不良后果使该问题受到国内外相关机构的高度重视。2001年欧洲联盟在欧洲航空发展战略报告——《2020年展望》中将飞机结冰问题作为重点研究课题。2007年，国务院批准了大型飞机研制重大科技专项，明确提出将安全性技术作为需要突破的十项关键技术之一。中国空气动力研究与发展中心在其结冰风洞中进行了许多关于飞机结冰机理和结冰影响的试验。NTSB持续关注结冰相关飞行事故[50,51]，并给出了众多建议[54]。NASA在结冰气象条件、结冰过程、结冰对飞机气动影响以及结冰飞机的边界保护等方面进行了研究，提供了大量试验数据，并开发了相关研究软件和试验设备[66]，如NASA和FAA联合开展的NASA/FAA尾翼结冰计划(Tailplane Icing Programe，TIP)项目[67,68]。NASA格伦研究中心在NASA结冰风洞中开展了大量的结冰试验[69]。此外还有商业航空安全团队(Commercial Aviation Safety Team，CAST)等机构都在飞机结冰问题上投入了大量的研究资源[42]。

关于结冰飞行事故的研究对提升航空安全性产生了重大影响。这些研究结果促进了IPS的引入[70]、除冰系统的增强[71]以及相关规章制度、训练制度的修改[72]。例如，结冰引起的众多飞行事故促使FAA于2009年引入新的条例。新条例规定，运输类飞机必须至少采取下述措施中的一种，用以检测结冰和启用IPS[56]。

(1)具备结冰检测系统以自动启用IPS或提醒驾驶员启用IPS。

(2)在特定气动面(如机翼)上规定一种能反映结冰过程的视觉信号，配合报警系统提醒驾驶员启用IPS。

(3)识别出可能促成飞机结冰的温度和湿度条件，提醒驾驶员启用IPS。

航空工业是典型的知识密集、技术密集、高附加值、低消耗的产业，并且具有重要的军事战略意义。在政策的引导下，国内航空工业正迎来新的发展机遇。将有更多的航空器、机场和空域投入使用，飞机遭遇结冰气象条件的事件将增多，对飞行安全保障提出了更高的要求。

应当指出，减少结冰飞行事故的最佳方法就是避开结冰环境，避免飞机结冰。然而，由于气象预报并不总是可靠的，驾驶员有时会遇到始料不及的结冰气象环境。此时需要为驾驶员提供结冰和飞行安全边界等信息，以最大限度地降低结冰导致的不良后果。随着我国经济形势的不断发展，航空运输的需求不断增加，未来的天空会更加繁忙，因此规避结冰环境并不总是可以实现的。此外，通常只在部分结冰敏感区域装备防/除冰装置，因此即便防/

除冰系统开启，也不能完全避免飞机结冰。总之，带冰飞行无法完全避免。

众多的飞行事故表明，尽管现代飞机大都配备有防/除冰系统或 IPS，结冰仍是威胁飞行安全的主要因素之一。因此，研究结冰对飞机气动特性、动力学特性、稳定性和安全性的影响，认识结冰致灾机理，并制定相应的防护措施，对我国航空产业安全发展具有重要意义。

近 90 年来，飞机结冰一直是航空安全的威胁。在此期间，通过研究结冰影响、设计防/除冰系统和改进驾驶员培训等措施，在减少结冰危害方面取得了诸多进展。本节重点论述本书中涉及的结冰飞机气动特性、稳定性和安全边界保护等方面的研究意义。

结冰改变了机翼、尾翼和操纵面等的外形，从而对飞机的气动特性、操稳特性以及动力学特性产生影响。理解飞机结冰机理及其对飞机性能的影响，是分析结冰危害和制定防护措施的基础。20 世纪 20 年代，在商业和战争的需求下，世界范围内的飞行总时间开始增加，固定的航班也开始出现，飞机遭遇结冰危害的问题逐渐得到关注[73,74]。在关注飞机结冰问题之初，研究者就意识到，相比于结冰带来的其他问题，结冰对飞机气动特性的影响是其威胁飞行安全的首要原因[75]。之后相关研究机构开展了大量的风洞试验、飞行试验和数值仿真研究，获得了大量的数据，总结出了结冰对飞机性能影响的规律。

1.3.2 飞机结冰研究现状

以美国为首的航空工业较为发达的国家在飞机结冰方面的研究起步较早，大约从20世纪20年代开始，相关机构就已关注并开展了飞机结冰的研究[76,77]。经过几十年的发展，国外在飞机结冰试验设备、研究软件等方面取得了显著进展，形成了大量试验数据、经验规律等研究成果。关于结冰对飞机性能的影响，其主要研究方法有飞行试验、风洞试验和数值仿真技术。

飞行试验可以获得飞机在自然结冰条件下的冰形，所得数据和研究结果最具说服力。如图 1.5 所示，NASA 在自然结冰条件下对 C-46 运输机进行了飞行试验，以研究结冰对飞机性能的影响。试验结果表明，螺旋桨桨叶结冰将使其推进效率减少约 10%，飞机其他部位结冰将使飞机阻力显著增加，可达81%[78]。NASA 的研究人员通过加装人工模拟冰形的飞行试验研究飞机的升阻系数、稳定性和控制特性等性能的变化。结果表明在结冰条件下，飞机的上述性能出现不同程度的恶化[79-82]。在 NASA/FAA 的 TIP 项目中，研究人员利用 NASA 的 DHC-6 双水獭结冰研究飞机作为试验平台,在该飞机的水平尾翼上安装了流场检测装置、压力传感器和摄像头用以全面地了解平尾结冰对飞机性能、稳定性和控制特性的影响[67,68]。如图 1.6 所示,NASA 还通过一架商务喷气飞机的人工模拟冰形飞行试验研究不同结冰条件下的飞机气动力和力矩,用以验证通过风洞试验建立的结冰飞机仿真模型[83]。

图 1.5　装备有热除冰装置的 C-46 运输机[78]

图 1.6　机翼和平尾上装有人工模拟冰形(蓝色)的商务喷气飞机[83]

风洞试验方面,世界范围内的结冰风洞有二十多个,其中美国的结冰风洞数量最多,其主要的结冰风洞如表 1.1 所示[84,85]。

表 1.1　美国主要结冰风洞

所属机构	风洞名	主试验段尺寸
NASA	Icing Research Tunnel (IRT)	6ft×9ft
Cox	LeClerc Icing Research Laboratory	48in×48in

所属机构	风洞名	主试验段尺寸
Cox	LeClerc Icing Research Laboratory	28in×46in
Boeing	Boeing Research Aerodynamic Icing Tunnel	5ft×8ft
Boeing	Boeing Research Aerodynamic Icing Tunnel	4ft×6ft
Boeing	Boeing Research Aerodynamic Icing Tunnel	3ft×5ft
AEDC	R-1D	3ft
BFGoodrich	Icing Wind Tunnel	22in×44in
FluiDyne	22×22 Icing Wind Tunnel	22in×22in
Rosemount	Icing Wind Tunnel	10in

注：1ft=0.3048m；1in=0.0254m；AEDC 为阿诺德工程发展中心。

利用丰富的风洞资源，如图 1.7 所示，NASA 联合法国国家航空航天研究院(Office National d'Etudes et de Recherches Aérospatiales，ONERA)、伊利诺伊大学(University of Illinois，UI)针对 NACA 23012 翼型开展了一系列的全尺寸模型和缩比模型试验，用以研究结冰翼型的气动特点并建立检验缩比模型结冰风洞试验的方法[69]。其中冰形是从 NASA 的 IRT[86]试验中获取的，然后将所得结果以人工模拟冰形的形式安装在 ONERA F1 增压风洞中的 NACA 23012 全尺寸模型上[87]，并在伊利诺伊大学的风洞中对缩比模型结冰后的气动特性进行了研究，研究结果如图 1.8 和图 1.9 所示[73]。

(a) 缩比模型   (b) 全尺寸模型

图 1.7 NASA IRT 中的 NACA 23012 缩比模型与全尺寸模型试验[69]

(a) 全尺寸模型

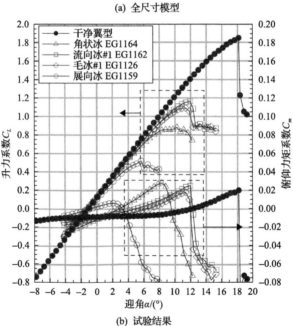

(b) 试验结果

图 1.8 ONERA F1 增压风洞中的 NACA 23012 全尺寸模型及试验结果[87]

(a) 缩比模型

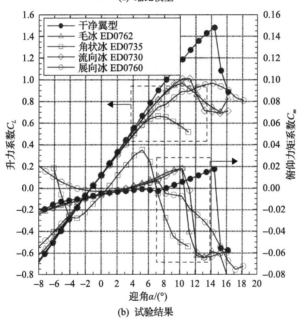

(b) 试验结果

图 1.9 伊利诺伊大学风洞中的 NACA 23012 缩比模型及试验结果[69]

在 TIP 项目中，NASA 对 T 形尾翼模型进行了全尺寸风洞试验，试验考察了多种冰形下 T 形尾翼的气动特性[64]。襟翼结冰风洞试验的研究结果表明，在结冰条件下，当飞机接近失速时，襟翼铰链力矩会有明显波动，可用于预测失速的发生[88,89]。

为研究结冰对飞机稳定性、安全性的影响，就必须对整机在结冰条件下的气动特性进行研究，以便于建立具有较高可信度的仿真模型。NASA 与相关单位合作，通过加装人工模拟冰形的方法，对 DHC-6 双水獭[48,90]、商务喷气机[91]和 S-3B 飞机[44]的缩比模型进行了风洞试验，如图 1.10 所示。此外，NASA 还对双发短途运输机和通用运输机模型（generic transport model，GTM）进行了整机人工模拟冰形风洞试验[45,92,93]（图 1.11），为基于这些机型研究结冰危害带来巨大的便利。

(a) DHC-6双水獭　　　　(b) 商务喷气机　　　　(c) S-3B飞机

图 1.10　DHC-6 双水獭、商务喷气机和 S-3B 飞机缩比模型人工模拟冰形风洞试验[44]

(a) 双发短途运输机　　　　　　　　(b) GTM

图 1.11　双发短途运输机和 GTM 整机人工模拟冰形风洞试验[45, 93]

　　数值仿真方面，国外对飞机各部件结冰及整机结冰的气动特性有广泛的研究，这些结果为利用计算流体动力学（computational fluid dynamics，CFD）等数值方法研究结冰影响提供了重要基础。CFD 等数值方法可以辅助风洞试验，以确定冰形影响飞机性能的关键几何参数。大约从 20 世纪 80 年代开始，CFD 工具就已经被用于研究结冰后翼面的复杂流动特性，包括二维情形和三维情形[94-97]。随着计算设备和数值仿真技术的发展，研究者逐渐从雷诺平均纳维-斯托克斯（Navier-Stokes，N-S）方程法[98]、分离涡模拟[99]等单一方法发展出多种混合法来分析结冰后的流场，如动态混合雷诺平均纳维-斯托克斯方程/大涡模拟（Reynolds averaged Navier-Stokes equations/large eddy simulation，RANS/LES）法等[100,101]。在 CFD 等数值工具的基础上，国外许多机构都发展了自己的结冰模拟计算软件，如 NASA 的 LEWICE 软件[102,103]、ONERA 的

ONICE 软件[104]和加拿大麦吉尔大学的 FENSAP-ICE 软件[105](现已被 ANSYS 收购)。这些软件经过多年的验证[106]和完善,获得了业界的认可并进行了广泛使用。Bragg 等在大量风洞试验的基础上发展出一种估算结冰飞机气动系数的结冰影响估算模型,为用数值方法分析结冰飞机的动力学特性和飞行安全等提供了基础[70]。

综上,国外通过飞行试验、风洞试验和数值仿真等手段对飞机结冰机理、过程和结冰对飞机性能影响等方面做了大量研究工作,形成了大量的试验数据,并发展出了较为成熟的研究软件。这些研究成果为优化防/除冰系统的设计和分析结冰飞机的安全性等提供了重要基础。

国内对飞机结冰问题的研究大约始于 20 世纪 80 年代[107]。国内的研究也基本上遵循与国外类似的路线,即先通过试飞试验、风洞试验或数值仿真方法研究结冰的机理与过程,明确结冰的分布特点、外形特点及结冰速率等规律,为防/除冰系统提供切实的建议。而后根据已知的结冰规律,利用模拟冰形风洞试验或带冰飞机流场仿真等手段研究结冰对飞机气动性能、飞行性能及动力学性能等的影响,为分析结冰飞机的稳定性、安全性提供模型基础,并为制定安全防护措施提供建议。

试飞试验方面,为研究结冰条件下气动系数和失速速度等的变化,相关机构对 Y12-II 型飞机和 Y7-200A 型飞机自然结冰和带人工模拟冰形进行了飞行试验。初步研究了结冰的分布特点和结冰对飞机气动性能的影响,讨论了结冰对飞机操稳特性的影响以及带冰着陆问题,并对飞机的防/除冰系统进行了演示验证[108,109]。《中国民用航空规章》第 25 部《运输类飞机适航标准》已相当于美国联邦航空条例第 128 号修正案的水平[110,111],对民用运输类飞机在特殊气象条件下的自然结冰试飞试验有明确而严格的规定。但国内结冰飞行试验的报道较少[112,113],目前国内仅有少数飞机完成了自然结冰试飞试验。例如,ARJ21-700 型飞机历时数年、远赴海外才完成了符合适航规定的自然结冰试飞试验[114-116],如图 1.12 所示。

风洞试验方面,国内第一个结冰风洞是在歼-10、歼-11 飞机研制需求的推动下,于 20 世纪 90 年代由武汉航空仪表厂建成的。该结冰风洞参照了俄罗斯的技术,主试验段大小仅为 18cm×28cm。直到 2004 年,中国空气动力研究与发展中心才建立了试验段为 30cm×20cm 的小型结冰风洞。不难看出,在早期国内对飞机结冰危害的认识是不够的。2006 年,"6·3"事故的巨大代价换来了国内对飞机结冰危害的高度重视。国内第一座大型结冰风洞于 2007 年在中国空气动力研究与发展中心开工,于 2013 建成并投入使用,该

图 1.12　ARJ21-700 型飞机自然结冰试飞试验

风洞主试验段截面尺寸为 3m×2m。在此基础上，中国空气动力研究与发展中心对飞机结冰试验相似准则[117,118]、结冰机理[119]以及冰形测量和修正技术[120,121]进行了试验研究，为利用结冰风洞(图 1.13)模拟自然结冰条件奠定了基础[122]。上海交通大学的研究团队设计了能精确控制水滴粒径的结冰风洞，对粒径效应和过冷度影响飞机结冰速率的机理进行了深入研究[123]，并将研究成果用于 ARJ21 和 C919 的相关设计中。国内还有利用自然低温结冰风洞研究结冰预测模型的报道[124,125]。此外，通过在机翼不同部位加装人工模拟冰形[126]进行风洞试验，国内学者研究了机翼不同位置结冰对飞机气动特性影响的严重程度[127]。

图 1.13　中国空气动力研究与发展中心的大型结冰风洞

由于试验条件的限制，国内许多研究者都采用数值仿真方法研究飞机结冰过程。研究者先后对二维机翼和三维机翼的结冰过程进行了数值模拟[63,128-132]。

易贤[85]提出了一套结冰研究程序(ice research code，IRC)，对二维物体表面结冰进行了模拟计算，取得了较好的结果。基于对结冰机理和过程的研究，国内对防/除冰系统的设计需求有了更清晰的认识，给出了诸多建议[127]。

在通过风洞试验、飞行试验或数值模拟获得飞机结冰形状的基础上，可以借助数值方法对结冰飞机的流场进行仿真计算，进而获得结冰飞机的气动特性，明确结冰对飞机气动特性的影响。国内研究者首先关注到不同冰形对机翼气动特性的影响，研究了不同冰形下机翼流场分离现象和气动特性变化[133-135]。对翼型[136]、多段翼型[137]及翼身组合体[135]在结冰条件下的流场进行了仿真研究，从流场角度明确了结冰对气动特性影响的机理，并初步发展了求解结冰翼型气动特性的计算程序[138]。基于结冰翼型的流场仿真计算，国内学者指出结冰后翼型提前失速是造成气动性能恶化的主要原因[139]。在对飞机全机流场进行仿真的基础上，国内学者研究了结冰对飞机飞行性能的影响，发现结冰时间、结冰外形的规则程度与飞机飞行性能的下降程度直接相关[140]。

在试飞及风洞试验的基础上，国内学者提出了估算结冰飞机气动特性的方法，并在此基础上研究了结冰对飞机操纵性和稳定性的影响，发现气动特性的恶化将导致飞机操稳特性下降[141]。基于结冰影响估算模型，国内学者对飞机在对称及非对称结冰条件下进行了动力学仿真，研究了结冰飞机长/短周期模态的变化和对控制面输入指令的动态响应特性[142-144]。南京航空航天大学的团队研究了不同冰形下飞机操稳特性的变化[145,146]。关于平尾结冰的研究则表明，平尾结冰将对飞机的俯仰阻尼、升降舵效率和稳定性产生较大影响，对飞行安全有较大危害[147-152]。结冰对飞机稳定性的影响直接关乎飞行安全，目前国内对该问题的研究主要有两种：一是基于飞机的局部线性化模型，分析结冰对静稳定性导数和模态特征根的影响[141]；二是利用分支分析、相平面法等非线性工具分析结冰飞机的大范围稳定性[153-155]。

近年来，国内对飞机结冰危害的认识不断深入，中国空气动力研究与发展中心、北京航空航天大学、南京航空航天大学、西北工业大学、复旦大学、上海交通大学等科研院所投入了大量的资源研究结冰对飞机性能的影响，国内在该领域的研究水平取得了较大提高。

在结冰飞机的安全边界保护方面，飞机结冰致灾防护的最基本方法就是配备防/除冰系统，但防/除冰系统并不能完全避免飞机带冰飞行，因此应设法提高容冰飞行的安全性[70]。飞机的安全边界保护是指，通过一定的方法使飞机始终运行在可用范围内，不超出安全边界。目前的研究有两种思路，一种是增强驾驶员在结冰条件下的情景意识、加强结冰条件下的飞行科目训练，以提高驾驶员应对飞机结冰的操纵能力，如增强驾驶员对结冰程度、飞机机动裕度、机动边界和安全边界的感知。为驾驶员提供充分且适当的信息，以辅助驾驶员进行正确的操作，确保飞机不超出安全边界。另一种是构建更加智能的边界保护系统，并能根据结冰条件自动或由驾驶员手动激活边界保护措施，确保飞机始终运行在安全边界内。在两种方案中很重要的部分就是获得结冰飞机的安全边界，并增强驾驶员对边界的感知。

　　飞行是一个复杂的动力学运动，其中至关重要的是确定飞行状态空间中飞机可以安全运行的区域，即确定飞机的安全飞行边界。这个问题对于验证飞机的设计以及辅助飞行安全都是至关重要的，更是进行飞机安全边界保护的前提。英文中通常使用"flight envelope""safe flight envelope"等指称来保证飞行安全的飞行参数的限制范围。国内一般使用"飞行包线"指代飞机的平飞包线，即限制飞机运行的高度和马赫数区域。平飞包线通常由风洞试验、飞行试验和高精度 CFD 仿真等手段获得，主要取决于发动机推力、升力限制和飞机的结构强度等。并且平飞包线主要是针对平飞和准平飞状态(如巡航飞行)制定的。显然，在飞行安全分析中仅考虑高度和马赫数是不够的，还有许多飞机的状态参数，如迎角、俯仰角、俯仰角速度、横滚角等对飞行安全有重要影响，并且这些参数的耦合作用对飞机的稳定性和安全性也有重要影响，尤其是在结冰等异常环境下。这些参数的边界是由飞机的动力学行为决定的，需要在飞行状态空间中通过动力学分析来确定。为了避免与平飞包线混淆，本书使用"安全边界"一词来表示状态空间中飞机安全可控的区域边界。

　　边界保护系统根据给定的安全边界阻止驾驶员将飞机操纵出安全边界，确保飞机始终在安全边界内运行。飞行参数的边界值可以深度地整合到飞行控制律的设计中，这样驾驶员或自驾仪便可安全地操纵飞机，即便飞机接近安全边界时，也不必过多地注意飞行状态。另外，边界保护系统应允许驾驶员最大限度地发挥飞机的性能，而不应该将飞机限制在一个比实际可用边界更小的区域。结冰引起的飞机气动性能恶化通常会导致飞行安全边界的收缩。因此，在结冰条件下，飞机安全边界的确定和边界保护还应该根据结冰情况进行相应的调整。

　　国外在飞机安全边界方面的研究思路较为开阔，对安全边界的认识不仅仅局限于平飞包线，而是利用非线性分析工具，从飞行动力学、气象环境等角度，制定确保飞行安全的各种参数的边界限制，研究主要集中在由飞行动力学决定的飞行参数的边界上。结冰使得飞机的临界迎角减小，飞机运行到失速区或临界区的可能性增加，因此在确定结冰飞机安全边界时，飞机的动力学非线性问题更加不容忽视。尽管飞行动力学中的非线性问题早在航空技术发展之初就已经被关注[156]，但受当时的分析工具和计算机水平的限制，一直缺乏确定飞机安全边界的非线性方法[157]。分支突变理论和连续算法的引入为估计飞机安全边界带来了重要突破[158,159]。分支突变理论和连续算法可以计算出对应于不同控制面的所有平衡状态，并可以分析出平衡状态的稳定性。该方法主要用于飞机的设计阶段，可用于检验飞行控制律和飞行包线[160-163]。然而分支突变理论和连续算法无法直观地给出飞行状态空间中的安全区域。

一种直接检验与验证系统安全性的思路是检查系统的轨线是否会进入特定的危险区域或者离开指定的限制区域。例如，可以用蒙特卡罗仿真的方法计算系统从给定初始状态点集出发的轨线。如果有任一条轨线进入了不允许的区域或者离开了规定的区域，则系统是不安全的。反之，要证明系统的安全性就必须计算所有的轨线，这对于定义在连续状态空间中的动力学系统而言是不现实的。而可达集理论提供了一种高效的安全性分析方法[164]。利用可达集理论和水平集算法，所有的轨线可以一次性计算得到，且可达集、生存集、不变集等与飞行安全密切相关的集合可以在统一的框架内处理[165-167]。许多基于可达集理论估计飞行安全边界的方法被相继提出[43,165,168]。这些方法可以被粗略地分为两种：一种使用安全集估计飞行安全边界[26,165,169,170]，另一种使用正向可达集和反向可达集的交集估计飞行安全边界[43,168,171,172]。在安全集中，任意状态点都存在允许控制，使得系统不超出给定的状态限制。飞行安全边界保护正是要确保飞行状态不超出给定的限制，因此利用安全集构造飞行安全边界较为自然。此外，安全集计算过程还可提供一种边界保护控制律。

基于李雅普诺夫稳定性理论发展出的稳定域分析方法能够在系统状态空间中确定出指定平衡状态的吸引域，该区域内的状态点可以恢复至平衡状态。一个典型的使用场景是确定飞机在巡航飞行时给定的配平状态是否具有足够的稳定范围以抵抗来自大气的干扰。确定阵风等大气干扰是否会使飞机产生不可恢复的失稳，对于巡航飞行是十分重要的。Pandita 等[4]将可达集和稳定域组合起来用于 NASA 的故障诊断、预测和可靠飞行边界估计(fault diagnosis, prognosis and reliable flight envelope assessment，FDP-FEA)项目。稳定域可以用于确定稳态飞行时的安全边界，而可达集分析可用来确定飞机的机动安全边界，二者具有互补性[4,172,173]。

在结冰条件下，由于飞机的空气动力学性能和飞行性能恶化，飞行参数的安全范围会缩小，如失速迎角减小。因此，确定结冰飞机的安全边界时必须考虑结冰条件的影响。已有部分机型的保护系统考虑了结冰的影响，并在结冰条件下对飞机的可用边界进行了修正。例如，ATR-72 飞机按照 FAR-25 部中规定的最严重结冰情形将迎角限制由干净外形时的 18.1° 调整为 11.2°[174,175]。但在 1994 年的美鹰航空 4184 号航班飞行事故中，由于极端的气象条件，尽管执行该航班的 ATR-72 飞机开启了防/除冰系统，机翼上仍然形成了较厚的结冰，扰乱了机翼表面的流场，最终机翼上的乱流抬起了副翼，飞机在迎角仅为 5° 时就失控坠毁[176,177]。可见，这种简单的修正方法并不能确保结冰飞机的安全，且极大地限制了驾驶员使用真实可用范围的能力。

结冰安全防护方面，早在 1998 年，美国伊利诺伊大学的 Bragg 等就提出了智能结冰系统（smart icing system，SIS）的概念[70,178,179]。SIS 旨在更好地管理 IPS，并通过预测结冰飞机的性能损失更好地操控飞机。现代飞机配备的 IPS 的工作模式大都类似图 1.14 所示的框架。

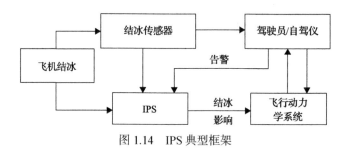

图 1.14　IPS 典型框架

如图 1.14 所示，通常的 IPS 通过检测装置探测有无结冰发生。一旦发现结冰，则会向驾驶员或 IPS 发出信息，而后由驾驶员手动或 IPS 自动开启防/除冰设备，来消除结冰的影响。SIS 则在此基础上增加了结冰管理系统（icing management system，IMS），以提高结冰飞机的安全性，如图 1.15 所示。通过 IMS，SIS 能够根据检测到的结冰条件估算飞机的性能损失，为驾驶员或飞控

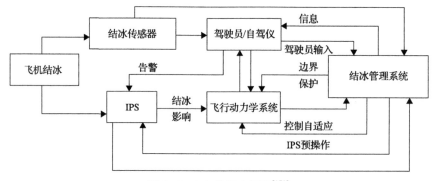

图 1.15　SIS 的基本框架[179]

系统提供可用边界等信息,并自动启动 IPS。SIS 还能根据结冰条件自动调整安全边界和控制律,确保飞机始终不超出安全边界并具有良好的飞行品质。

SIS 的设计理念能更好地处理复杂多样的结冰情形,具有更完备的结冰安全保障能力,因此获得了 NASA 支持[179]。后续又开展了关于 SIS 开发中所涉及的飞机飞行品质估计和安全边界估计等具体问题的研究[73,180,181]。例如,Hossain 等[181]根据结冰条件下升力系数降低量与失速迎角的关系估计飞行安全边界,为机组提供结冰飞机安全边界的预测信息。

NASA 主持的结冰污染边界保护(Icing Contamination Envelope Protection, ICEPro)项目旨在实现一套能实时辨识结冰条件、估算结冰飞机性能损失并向驾驶员提供安全边界信息的系统[182-185]。该系统的框架如图 1.16 所示。

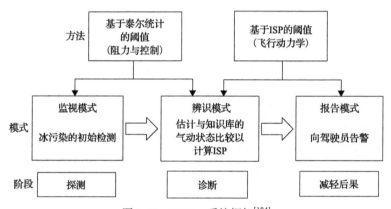

图 1.16 ICEPro 系统框架[184]

在结冰条件下 NASA 对驾驶员在飞行模拟训练方面开展了大量的研究工作[48,90,186,187],开发了用于模拟训练的设备,如模拟 DeHavilland DHC-6 Twin Otter 飞机的 BAR's Cockpit Station[48]和更为通用的冰污染影响飞行训练设备(ice contamination effects flight training device,ICEFTD)[83,182],如图 1.17 和图 1.18 所示。这些研究成果显著地提高了驾驶员在结冰条件下的操纵应对能力[187]。

Caliskan 等[188,189]提出了容冰飞行控制系统(icing tolerant flight control system,ITFCS)的概念。该系统通过神经网络探测结冰参数,据此实施控制律重构,并向驾驶员提供操作建议,其原理框图如图 1.19 所示。

国内在结冰飞机安全边界保护方面的研究起步较晚,多侧重于结冰飞机参数辨识和边界保护控制律等理论性问题。南京航空航天大学的张智勇[190]在辨识结冰飞机气动参数的基础上,对飞机的包线保护控制律进行了设计。

图 1.17   BAR's Cockpit Station

图 1.18   NASA 的 ICEFTD

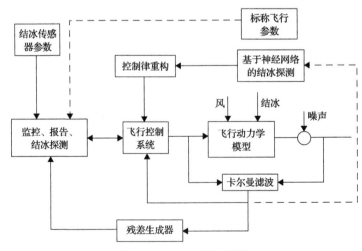

图 1.19   ITFCS 原理框图

北京航空航天大学的袁坤刚等[150]对结冰飞机的飞行包线进行了估计。北京航空航天大学的杜亮等[191]针对结冰飞机设计了软限制式的迎角限制器。复旦大学的艾剑良团队[192-194]研究了结冰飞机的参数辨识和容冰控制。空军工程大学的徐浩军团队[57,149,195]研究了结冰飞机的风险评估、安全窗构建，并给出了关于保护措施的建议，设计了边界保护控制律。根据飞机结冰致灾的物理机理，国内学者提出了飞机结冰的多重安全边界的概念，将结冰安全边界分为气象边界、冰形边界和飞行安全边界三类，并指出飞机结冰防护系统应依据结冰致灾链路中各环节的边界对应的防护需求进行设计[196]。

综上可知，在结冰对飞机性能影响和结冰飞机安全边界保护方面，国内外学者已有大量研究。从研究趋势来看，数值方法正获得国内外研究者的青睐，基于数值模拟仿真研究飞机结冰危害及防护正逐渐成为使用广泛的方法。从结冰机理、结冰过程的数值模拟，到结冰对飞机气动性能的数值估算，再到结冰飞机的动力学性能仿真、飞行安全边界的数值仿真求解，乃至整个结冰飞机防护系统的模拟仿真，数值仿真方法无处不在。这主要得益于数值仿真方法相对风洞试验等具有更低的成本、能覆盖更多的结冰条件、便于重复等优势。并且，随着人们对飞机结冰机理和结冰对翼面流场影响机理认识的不断深入，未来的数值仿真模型将更加接近物理事实，仿真/模拟结果将更接近真实情况。

另外，现有的关于结冰飞机安全边界保护的研究并没有充分吸收飞机安全边界估计方法的研究成果。目前的研究基本上都是将关键飞行参数(如迎角、滚转角、侧滑角等)按照不同结冰条件单独设置可用边界值，然后设计控制律确保飞行参数不超过其各自的边界值。这种方法不仅具有较强的保守性，还忽略了飞行参数间耦合作用对飞行安全的影响。因此，深入研究结冰飞机的安全边界的确定方法，求解出由多个飞行参数共同确定的多维飞行安全边界，并研究结冰对飞行安全边界的影响，对提高结冰条件下的飞行安全具有重要意义。

1.4　本书各章内容安排

本书在动力学系统稳定性和可达性理论的基础上，对结冰飞机的安全边界确定方法及应用进行研究，具体开展飞机在结冰条件下的动力学建模、稳定域分析、安全集分析、安全预警等问题的研究。本书共 9 章，各章内容安排如下。

第 1 章为绪论。阐述动力学系统稳定性、可达性的研究现状，总结结冰对飞机性能影响和结冰飞机安全防护的研究现状，并对比国内外的研究进展，列出本书的主要研究内容和章节结构。

第 2 章介绍非线性动力学系统的稳定性与稳定域。首先讨论非线性动力学系统的稳定性和稳定域的基本内容。然后针对非线性系统稳定流形的曲率在全局范围内有显著变化的事实，提出一种二维稳定流形的自适应推进算法。该算法能持续有效地计算全局流形，并产生高质量的流形结果，为准确分析结冰飞机的稳定域提供坚实基础。

第 3 章介绍非线性动力学系统的可达性与可达集。首先讨论非线性动力学系统的可达性和可达集相关理论。然后推导可达集和稳定域之间的关系，据此设计一种估计稳定域的隐式算法。该算法可产生单调递增且收敛于真实稳定域的稳定域估计序列，并且稳定域估计始终包含在真实稳定域中。

第 4 章介绍结冰飞机的非线性动力学建模。首先介绍飞行动力学仿真所必需的基本方程和飞机的气动力、力矩模型。然后结合飞行试验和风洞试验数据，对现有结冰影响估算模型在大迎角区域的参数进行修正。在此基础上构建结冰飞机的数值模型，并对结冰飞机的动力学特性进行仿真分析。考虑到结冰条件的不断变化、准确探测结冰信息的困难性和结冰影响规律的复杂性，提出结冰飞机的不确定性非线性模型。

第 5 章介绍结冰飞机纵向非线性动力学稳定域分析。利用稳定域分析方法量化研究结冰对飞机纵向稳定性的影响。采用稳定流形和 HJ PDE 两种方法求解出结冰飞机的纵向动力学稳定域，并通过背景飞机验证两种方法的正确性。通过对比结冰条件下纵向动力学稳定域的变化，直观地分析结冰对飞机稳定性的影响，明确结冰对飞行安全的危害。仿真结果表明，结冰使得飞机升力系数减小，失速迎角提前，俯仰力矩曲线斜率增大，导致纵向动力学稳定域明显收缩，因而需要驾驶员更多地干预飞行任务，若驾驶员尚未意识到结冰的影响，则容易操作失误，导致飞行事故。

第 6 章介绍基于可达集理论的结冰飞机安全边界分析。考虑结冰飞机中存在的时变性和不确定性问题，使用结冰飞机不确定性非线性模型研究飞机的安全边界。首先将结冰程度不确定性变量引入可达集分析理论。然后通过求解 HJ PDE 构建综合考虑结冰、多状态变量和操纵控制量的多维安全边界。最后通过对比结冰与干净飞机的安全飞行边界，分析结冰的影响和危害。仿真结果表明，结冰使得飞行安全边界严重收缩，大迎角区域收缩尤为明显，严重威胁飞行安全。

第 7 章介绍基于模糊推理的结冰飞机安全预警。基于结冰飞机的不确定性非线性模型，构建飞行安全预警的模糊推理系统，将结冰飞机的安全预警抽象成一个多变量耦合的推理过程。基于飞行安全集推导构造广义距离、速度和加速度等预警变量。这些预警变量体现系统状态、结冰因素以及驾驶员操纵输入对飞行安全的影响。因此既可反映出当前系统状态的安全程度，又对飞行安全有一定的预判性。所提预警方法可增强驾驶员对结冰条件下安全边界变化的感知，提醒驾驶员安全边界的临近，需及时调整操纵策略。

第 8 章介绍结冰飞机安全预警与操纵指引系统设计与初步实现。提出一种基于数据库的结冰飞机安全辅助系统，并对其中的功能模块进行分析和设计。研究了基于平视显示器(head up display，HUD)的结冰飞机安全预警与操纵指引显示方案。设计安全边界显示模块、安全预警模块和边界保护指引模块。最后在模拟器平台上进行初步的实现和验证。安全预警与操纵指引系统对于提高驾驶员在结冰条件下的情景意识和操纵应对能力具有重要意义。

第 9 章为总结与展望。总结本书的主要内容和创新点，并展望后续的研究工作。

第2章 非线性动力学系统的稳定性与稳定域

2.1 引　　言

本章对确定飞机安全边界的理论方法进行研究。飞机的安全边界具有多重含义。例如，平飞状态有能保持平飞的高度、速度限制，即平飞包线；机动飞行中则有最大、最小过载限制；为保证安全，空速、迎角等飞行参数都存在相应的安全范围。此外，在不同的飞行阶段飞机的构型和运动特点有所不同，重点关注的安全隐患也不尽相同。例如，在起飞、着陆等阶段，飞行参数的变化范围较大，飞机的迎角较大，需要重点考虑关键飞行参数是否会进入危险的范围；而在巡航阶段，飞行参数的变化范围较小，重点关注的是大气扰动是否会令飞机发生不可恢复的失稳。前者关乎系统的可达性，后者关乎系统的稳定性。

对于系统平衡状态的稳定性，人们更关注如何确定该平衡状态的稳定范围，即确定其稳定域。稳定域分析方法能在状态空间中给定平衡点周围预测出一个稳定的集合，该集合内的状态都能恢复到稳态。典型的使用情景是平稳飞行的飞机由于大气原因（如遇阵风）受到扰动。了解大气扰动是否会使飞机失去稳定性对于验证飞行安全至关重要。例如，在巡航飞行阶段，飞行参数保持在给定的配平状态附近。该配平状态应具有足够的稳定域，以抵抗来自大气的扰动。当飞机状态被扰动到稳定域之外时，必须采取适当的措施（如改变控制律）以扩大稳定域[197]，使飞机恢复平衡状态，否则飞机可能出现不可恢复的失稳，导致飞行事故。可见稳定域可作为飞机稳态飞行时的安全边界。

稳定域通常是一个结构复杂的集合，难以给出解析表达式[11]。估计稳定域的方法被分为显式方法和隐式方法两类。其中最为经典的显式方法是通过计算稳定流形获得稳定域。动力学系统几何方法研究表明，稳定域的边界由边界上不变集的稳定流形构成[14,15]，因此可以通过计算稳定流形获得稳定域。针对稳定流形的曲率在全局范围内有显著变化的事实，本章提出一种二维稳定流形的自适应推进算法。该算法能根据流形曲率对流形网格尺寸进行动态调整，持续产生高质量的流形计算结果。

2.2　非线性动力学系统的稳定域

2.2.1　稳定域相关概念

考虑如下由常微分方程描述的非线性自治系统:

$$\dot{x} = f(x) \tag{2.1}$$

其中, $x \in \mathbf{R}^n$ 是状态变量; $\dot{x}$ 是 x 对时间变量 $t(t \in \mathbf{R})$ 的导数。

假设向量场 $f: \mathbf{R}^n \to \mathbf{R}^n$ 满足解的存在性和唯一性条件, 则对于任意的初始状态 $x_0 \in \mathbf{R}^n$ 从初始时间 t_0 出发对应唯一的解轨线 $\xi_f(t; x_0, t_0)$。

由于解的存在性和唯一性, 系统 (2.1) 的解轨线是时间可逆的。因此, 若 $\xi_f(t; x_0, 0) = x_t$, 则 $\xi_f(-t; x_t, 0) = x_0$。$\xi_f(-t; x_t, 0) = x_0$ 是一个终止问题, 实际上, 初值问题更便于数值实现。事实上, 系统 (2.1) 反向时间的解轨线等价于系统 (2.2) 的正向时间解:

$$\dot{x} = -f(x) \tag{2.2}$$

显然, 若 $\xi_f(t; x_0, 0) = x_t$, 则 $\xi_{-f}(t; x_t, 0) = x_0$。引入系统 (2.2) 可以将系统 (2.1) 的终止问题转化为初值问题, 便于数值实现和理解。

定义 2.1　系统 (2.1) 的平衡点 $\hat{x} \in \mathbf{R}^n$ 满足 $f(\hat{x}) = 0$。若系统 (2.1) 在 $\hat{x}$ 处的 Jacobian 矩阵的特征值的实部均非零, 则 $\hat{x}$ 为双曲平衡点。

系统平衡状态的稳定性在动力学系统和控制系统中具有重要意义。李雅普诺夫对动力学系统平衡状态稳定性的一般问题进行了研究, 并引入了确保平衡状态稳定性的充分条件, 通常称为李雅普诺夫定理[11,198]。在李雅普诺夫定理下, 平衡点 x_s 是渐近稳定的, 当且仅当, 对于任意 $\varepsilon > 0$, 存在 $\delta > 0$, 对于所有 $t > t_0$ 和 $\|x - x_s\| < \delta$ 都满足 $\|\xi_f(t; x, t_0) - x_s\| < \varepsilon$, 并且 $\lim\limits_{t \to \infty} \xi_f(t; x, t_0) = x_s$。李雅普诺夫定理暗示, 系统状态空间中存在一个区域, 该区域内的状态最终收敛于平衡状态。在实际应用中, 需要设法确定出这个区域, 这便引出了 x_s 稳定域的概念, 定义如下。

定义 2.2　系统 (2.1) 的渐近稳定平衡点 x_s 的稳定域 $A_f(x_s)$ 为

$$A_f(x_s) := \left\{ x \in \mathbf{R}^n \mid \lim_{t \to \infty} \xi_f(t; x, t_0) = x_s \right\} \tag{2.3}$$

$A_f(x_s)$ 的边界记为 $\partial A_f(x_s)$。

2.2.2　稳定域的确定或估计

稳定域的确定或估计问题仍没有彻底解决，因此吸引了大量学者的持续关注。由于稳定域结构的复杂性，确定出准确的稳定域通常是非常困难的[14]。Zubov 方法理论上可以计算出准确的稳定域[5-7]。但 Zubov 方法中涉及的偏微分方程求解十分困难。后来的发展中，将 Zubov 方法推广到含扰动的系统[8-10]，黏性方法也被用来求解 Zubov 类方程。但对于一般的系统，Zubov 类方程的求解仍然十分困难，且需要构造辅助函数，使得该类方法难于使用。

另外，许多用来估计稳定域的数值方法被相继提出[17,199,200]，这些方法可以按照其表示稳定域的方式分为显式方法和隐式方法[201]。在显式方法中，稳定域边界被剖分成有限几何单元的并集，这些几何单元被直接存储下来。在隐式方法中，稳定域由定义于状态空间中的一个实值函数来间接描述，稳定域的内部对应该实值函数的水平集，稳定域边界对应该实值函数的零值等值面。

大多数估计稳定域的方法都基于李雅普诺夫定理及其相关扩展[5,202,203]。因此，这类方法通常称为基于 LF 的方法。LF 提供了平衡点渐近稳定的充分条件，同时提供了稳定域存在的充分条件。此外李雅普诺夫理论的相关逆定理指出，如果系统拥有特定的稳定性，则 LF 必然存在[204]。因此，可以通过构造相应的 LF，再利用 LF 的水平集来估计稳定域[17,22,23]。其中一个众所周知的方法是，先将系统在平衡点处线性化，即对于系统(2.1)，在其渐近稳定平衡点 x_s 处有

$$\dot{x} = Ax \tag{2.4}$$

其中，

$$A = \left.\frac{\partial f}{\partial x}\right|_{x=x_s} \tag{2.5}$$

然后求解李雅普诺夫方程，即

$$PA + A^{\mathrm{T}}P = -Q \tag{2.6}$$

其中，Q 为正定对称阵。则二次型

$$V(x) = x^{\mathrm{T}} P x \tag{2.7}$$

可以作为系统的局部 LF，其水平集

$$\Omega_c = \{x \in \mathbf{R}^n, c \in \mathbf{R}^+ \mid x^{\mathrm{T}} P x - c \leqslant 0\} \tag{2.8}$$

可用于估计稳定域。只需确定适当的常数 c，使得

$$\dot{V}(x) = 2 f^{\mathrm{T}}(x) P x \tag{2.9}$$

在 $\{\Omega_c - x_s\}$ 内负定，则 $\Omega_c \subset A_f(x_s)$。可见利用 LF 可以估计出稳定域的一个子集，事实上，LF 的水平集只是稳定域中的一个不变子集，具有较大的保守性。近年来关于可达集与稳定域关系的研究表明，反向和正向可达集都能给出稳定域的准确估计[201,205-207]。另外，动力学系统几何方法的研究结果表明，稳定域的边界与边界上不变集的稳定流形密切相关。

定义 2.3 令 $\hat{x} \in \mathbf{R}^n$ 为系统的双曲平衡点，则其对应的稳定流形和不稳定流形定义为

$$
\begin{aligned}
W^s(\hat{x}) &= \left\{ x \in \mathbf{R}^n \mid \lim_{t \to \infty} \xi_f(t; x, t_0) = \hat{x} \right\} \\
W^u(\hat{x}) &= \left\{ x \in \mathbf{R}^n \mid \lim_{t \to -\infty} \xi_f(t; x, t_0) = \hat{x} \right\}
\end{aligned} \tag{2.10}
$$

定理 2.1 对于一般的非线性自治系统 (2.1)，稳定域的边界 $\partial A_f(x_s)$ 包含于系统所有的紧致不变集的稳定流形的并集[14]，即

$$\partial A_f(x_s) \subseteq \bigcup_i W^s(\Lambda_i) \tag{2.11}$$

其中，$\Lambda_i (i = 1, 2, \cdots)$ 是系统 (2.1) 位于边界 $\partial A_f(x_s)$ 上的不相交且不可分解的紧致不变集。

定理 2.2 如果边界 $\partial A_f(x_s)$ 上的平衡点都是双曲的，平衡点的稳定流形和不稳定流形满足横截性条件，且边界上的任一轨线都收敛于系统 (2.1) 的双曲平衡点，则有[12]

$$\partial A_f(x_s) = \bigcup_i W^s(x_i) \tag{2.12}$$

其中，$x_i (i = 1, 2, \cdots)$ 是系统 (2.1) 位于边界 $\partial A_f(x_s)$ 上的双曲平衡点。

可见，对于符合定理 2.2 条件的系统，可以通过计算平衡点的稳定流形来构造稳定域边界，进而获得稳定域。

2.3 二维稳定流形的自适应推进算法

一般系统的全局稳定流形无法得到解析表达式，并且稳定流形无法通过隐式方法计算[208]。稳定流形定理[209,210]表明，系统的稳定流形与其线性化系统的稳定特征子空间在平衡点处相切。因此，可以由稳定特征子空间上平衡点的邻域出发，通过迭代方法计算系统的稳定流形。最直接的迭代方法是简单积分法，即以稳定特征子空间上的一个椭圆作为稳定流形的初始估计 M_0，然后以 M_0 上的离散点为初始条件，对系统积分(稳定流形是对系统进行反向积分)固定的时间 Δt 或轨道长 Δs，这样便得到新的点集 M_1，类似地由 M_i 产生 M_{i+1}，逐渐计算出稳定流形。这种方法中 M_{i+1} 受系统向量场影响极易发生扭曲变形，甚至闭曲线 M_{i+1} 会与 M_i 相交，因此局限性较大。

为克服简单积分法的局限性，一些适用性较强的算法被相继提出。国外方面，轨道弧长算法[211]将向量场各方向的生长速度归一化，使得轨道沿各方向同速生长。然而轨道的生长仍然受制于系统向量场，相邻的初始点也可能产生较大的分离。测地水平集算法[212,213]通过在 M_i 上搜索出一个合适的初始点得到沿最佳生长方向推进固定长度的 M_{i+1}，避免了简单积分法中 M_{i+1} 变形的问题。但因为要在 M_i 上进行插值和搜索，测地水平集算法的计算效率较低。盒子细分算法[214,215]可以较容易地确定流形的轮廓，但该算法无法反映出流形的增长趋势。边值问题(boundary value problem, BVP)连续算法[216]基于微分方程解的连续性，利用轨道扫描出流形面，因此该算法将在近平衡点处产生大量的点，需要对计算结果进行相应的后期处理。偏微分方程算法[217]借鉴前沿推进网格生成算法[218,219]，该算法对流形网格具有较好的控制能力，计算效率较高。此外还有扩展轨迹算法[220]、参数化算法等[221-224]。国内方面，两步法[225]的第一步通过求解初值问题快速确定流形上点的位置，第二步则利用第一步计算出的点勾画流形的图像。自适应因子轨道延拓算法[226]根据计算的精度要求自适应地调整轨道的数目，以保证轨道间距小于误差限。该算法中轨道上的点是等间距的。误差限和轨道点间距都是全局统一的，没有根据流形曲率进行调整。径向增长控制算法[227]通过引入径向控制因子将原始动力学系统进行归一化，使得各方向的轨道生长速度相同。异构算法[228,229]利用相邻的取样轨道连接形成三角形构成局部流形，但其取样轨道间的距离限制和轨道点间距也是全局统一的，没有根据流形曲率调整。

可见这些算法的共同点是：流形是从平衡点附近逐渐生长出来的。根据流形生长方式的不同，可以将这些算法分为两类：一类算法是利用系统的轨道生成流形网格，如轨道弧长算法、BVP 连续算法、扩展轨迹算法、两步法、自适应因子轨道延拓算法、径向增长控制算法、异构算法等。这类算法的优点是可以利用成熟的数值积分算法求解系统的轨道，并且每段轨道可以构建出流形网格的多个单元；缺点是不便于利用流形本身的几何特征调整计算过程。另一类算法则不利用轨道构建网格，而是直接生长出流形网格的单元，如测地水平集算法和偏微分方程算法。这类算法的优点是流形生长过程不受系统向量场影响，并且对流形网格具有较强的控制能力；其缺点是无法直接给出系统的轨道。

现有算法未能充分利用流形的曲率信息对计算过程进行动态调整，流形单元的基准尺寸是全局统一的。然而一般系统的流形曲率在全局范围内可能有较大的变化，全局统一的单元尺寸无法适应流形各部分的特点。例如，Lorenz 流形，随着计算面积的增加，流形的一部分将变得越来越卷曲，这意味着其曲率逐渐增大，而流形另一部分比较平坦。在曲率较大的部分应采用更小尺寸的单元才能得到较为准确的结果，而在曲率较小的部分可以使用较大尺寸的单元以减小计算量。可见单元尺寸的全局自适应对于提高稳定流形的计算质量是十分必要的。为适应稳定流形曲率在全局范围内的变化，本章设计一种能根据流形曲率对流形网格尺寸进行动态调整的算法。考虑到偏微分方程算法对流形网格具有较强的控制能力，且便于利用流形的曲率信息，因此本章在偏微分方程算法的基础上提出一种二维稳定流形自适应推进算法。

二维稳定流形自适应推进算法的基本思路是：首先确定稳定特征子空间中平衡点的一个邻域，并生成一层围绕该邻域的初始备选点和备选网格，根据相切条件更新备选点的坐标。将距离平衡点最近的备选点接受为稳定流形网格的已知点，并根据稳定流形的曲率自适应地扩展出新的备选网格单元(三角形单元)。通过持续的网格扩展逐渐计算出更大面积的稳定流形[230]。该算法的主要步骤如下所示。

步骤1：利用稳定特征子空间计算初始邻域，生成初始备选点和备选网格。

步骤 2：根据相切条件更新备选点的坐标，并估计备选点与平衡点之间的轨道长度。

步骤 3：将到平衡点轨道长度最短的备选点 $\bar{v}$ 接受为稳定流形的已知点，

更新稳定流形的前沿。

步骤 4：根据稳定流形的曲率自适应地扩展出新的备选网格单元。

步骤 5：更新 $\bar{v}$ 附近备选点的坐标。

步骤 6：若到平衡点的轨道长度 $\varSigma$ 达到预设值则计算结束，否则转到步骤 3。

2.3.1 初始邻域和初始备选网格

系统 (2.1) 在平衡点 $\hat{x}$ 处的线性化系统可以通过计算 $f(x)$ 在 $\hat{x}$ 处的雅可比 (Jacobian) 矩阵 $Df(\hat{x}) = \partial f / \partial x$ 获得。记 e_1、e_2 为 $Df(\hat{x})$ 具有负实部特征值的特征向量，则系统 (2.1) 的稳定特征子空间 $E^s(\hat{x})$ 由 e_1、e_2 张成，即 $E^s(\hat{x}) = \mathrm{Span}(e_1, e_2)$。稳定流形定理指出，在 $\hat{x}$ 处 $W^s(\hat{x})$ 与 $E^s(\hat{x})$ 相切[13,14]，因此可以将 $E^s(\hat{x})$ 中 $\hat{x}$ 的某一邻域作为 $W^s(\hat{x})$ 的局部估计，并由此邻域出发计算 $W^s(\hat{x})$ 的其余部分。

为得到初始邻域前沿上均匀分布的点，将 e_1、e_2 经施密特 (Schmidt) 正交单位化，即有

$$
\begin{cases}
q_1 = e_1 / \|e_1\| \\
q_2 = \dfrac{e_2 - \dfrac{(e_2, q_1)}{(q_1, q_1)} q_1}{\left\| e_2 - \dfrac{(e_2, q_1)}{(q_1, q_1)} q_1 \right\|}
\end{cases}
\tag{2.13}
$$

由式 (2.13) 可知，q_1、q_2 与 e_1、e_2 平行于同一平面，因此系统的稳定特征子空间也可由 q_1、q_2 张成。

由于 q_1、q_2 正交，由式 (2.14) 可以得到前沿点分布均匀的圆，即

$$
p(i) = [q_1 \sin(2\pi i / N) + q_2 \cos(2\pi i / N)]R + x_0
\tag{2.14}
$$

其中，$i = 1, 2, \cdots, N$；N 为圆上的点数；R 为圆的半径，决定了初始邻域的大小，是与系统有关的计算参数。实际计算中可以通过观察 x_0 附近的稳定轨道来确定 R。具体地说，先计算 x_0 附近的多条稳定轨道段，然后试出合理的 R 使得稳定轨道段与初始圆的偏离较小。另外，也可以利用稳定流形的计算结果调整 R，如果计算的稳定流形在 x_0 附近的曲率较大，则可以减小 R 以提高计算精度。N 由网格单元的初始尺寸 $\varDelta_0$ 决定，即 $N = \lceil 2\pi R / \varDelta_0 \rceil$，实际计算中取 $\varDelta_0 \leqslant R$。

若 e_1、e_2 为复向量，系统的稳定特征子空间无法由 e_1、e_2 直接张成，但

可以利用距离平衡点 x_0 较近的一段轨道构造平行于稳定特征子空间的两个实向量。记 $e_{1,2} = u \pm \mathrm{j}v$，其对应的特征值为 $\alpha \pm \mathrm{j}\beta$。如图 2.1 所示，由点 $x = x_0 + Ru/\|u\|$ 出发，对系统 (2.1) 按时间反向积分，积分时间 $\Delta t = \pi/(2\beta)$，得到点 $x_q = \phi(\Delta t, x)$，继续积分得到点 $x_h = \phi(2\Delta t, x)$。于是可以得到平行于系统稳定特征子空间的向量 $x_q x$、$x_q x_h$。对 $x_q x$、$x_q x_h$ 按式 (2.13) 正交单位化，即可由式 (2.14) 生成初始邻域的前沿点。

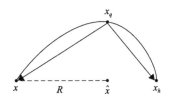

图 2.1 根据轨道确定稳定特征子空间示意图

如图 2.2 所示，初始邻域的前沿点和平衡点构成的三角形单元给出了初始的稳定流形网格。稳定流形的剩余部分则是从这个初始估计逐渐生长出来。连接相邻的前沿点构成稳定流形的前沿，基于前沿上的每个线段产生备选点和备选网格。初始备选点位于系统的稳定特征子空间中。备选点与对应的前沿边相连构成备选三角单元，全体备选三角单元构成备选网格。初始备选单

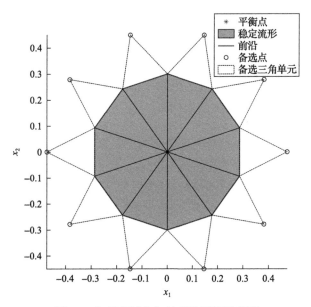

图 2.2 初始邻域和初始备选网格示意图

元为等边三角形，在图 2.2 的示意中，$R=0.3$，$\Delta_0=0.2$。

2.3.2　相切条件

稳定流形曲面并非事先已知的，因此在对其进行网格剖分时，需要先计算出稳定流形上点的坐标，这可以通过相切条件实现。对于 $\mathbf{R}^3$ 中的二维稳定流形 $W^s(\hat{x})$，设其在点 $x=(x_1,x_2,x_3)$ 的某邻域内满足

$$g(x_1,x_2)-x_3=0 \tag{2.15}$$

则 $W^s(\hat{x})$ 与曲面 $g(x_1,x_2)-x_3=0$ 在 x 处相切，即有如式 (2.16) 所示的偏微分方程[217]：

$$f(x_1,x_2,g(x_1,x_2))\begin{bmatrix}\dfrac{\partial g}{\partial x_1}\\[4pt]\dfrac{\partial g}{\partial x_2}\\[4pt]-1\end{bmatrix}=0 \tag{2.16}$$

解式 (2.16) 即可得到稳定流形的局部描述 $g(x_1,x_2)$。由于式 (2.16) 具有明显的几何意义，可以采用几何解法。式 (2.16) 的几何含义为在 x 处，确定一个面 $g(x_1,x_2)-x_3=0$，使得该面与稳定流形相切，亦即系统向量场在 x 处与面 $g(x_1,x_2)-x_3=0$ 的法向量垂直。在计算中，取面 $g(x_1,x_2)-x_3=0$ 为三角形 v_1v_2v，其中 v_1、v_2、$v\in\mathbf{R}^3$，如图 2.3 所示，该三角形的两个顶点 v_1 和 v_2 为稳定流形前沿上的已知点，设其为已知三角形 $v_0v_1v_2$ 的顶点。因此，问题的实质是求三角形的第三个顶点 v 的坐标。

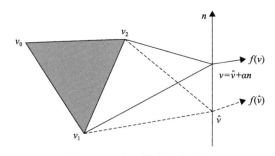

图 2.3　相切条件的几何解释

为计算顶点 v，先由三角形 $v_0v_1v_2$ 扩展出一个备选点 $\hat{v}$，$\hat{v}$ 位于三角形

$v_0 v_1 v_2$ 所在的平面上，且与 v_0 处于 $v_1 v_2$ 的异侧。本章中备选三角单元 $v_1 v_2 \hat{v}$ 的尺寸不是全局固定的，而是由单元尺寸自适应原则确定。根据式 (2.16)，如果三角形 $v_1 v_2 \hat{v}$ 的法向量 n 与 $f(\hat{v})$ 垂直，则点 $\hat{v}$ 位于稳定流形上，$v = \hat{v}$。然而，通常 $\hat{v}$ 并不满足这个条件。此时可以在过 $\hat{v}$ 点且垂直于备选三角单元 $v_1 v_2 \hat{v}$ 的直线上搜索点 $v = \hat{v} + \alpha n$，使其满足

$$n^{\mathrm{T}} f(\hat{v} + \alpha n) = 0 \tag{2.17}$$

则三角形 $v_1 v_2 v$ 所在的平面满足式 (2.16)，并将备选点 $\hat{v}$ 的坐标更新为 v。可见问题最终转化为求解式 (2.17) 中的未知数 α。另外，为保证算法的稳定性和精度，点 v 还需满足 upwinding 条件[231]才能被接受为已知点[217]。

由相切条件的几何解释可知，只要备选三角单元的尺寸选择合适，则备选点的初始坐标与其最终被接受的坐标相差很小。网格单元的长宽比是衡量流形网格质量的重要指标。对于三角形网格，网格单元越接近正三角形，则网格质量越高。此外，网格单元尺寸对流形曲率的适应性也是衡量网格质量的重要方面。网格单元尺寸对流形曲率的自适应性越好，则流形计算结果越准确，网格的质量也就越高。因此，稳定流形网格的质量可以由备选三角单元的生成规则控制。本章重点考虑网格单元尺寸对流形曲率的自适应性，所提的自适应推进算法正是根据稳定流形的曲率特征自适应地生成备选三角单元，从而实现稳定流形网格的自适应推进。

2.3.3　单元尺寸自适应

根据相切条件，可以在稳定流形的前沿得到一个新的三角单元作为局部估计，并且估计的误差阶数为 $O(\Delta^2)$，其中 Δ 为该三角单元的尺寸[217]。当稳定流形某部分卷曲程度高于其他部分时，就要求相应的估计误差小于其他部分，因此必须根据稳定流形的曲率来自适应地调整三角单元的尺寸。在估计离散曲率的诸多算法中[232-234]，Meyer 方法几何意义简明且便于三角网格实现，因此本章采用 Meyer 方法来估计稳定流形的平均曲率[235]。

如图 2.4 所示，设稳定流形在 A、B、C 点处的平均曲率分别估计为 h_A、h_B、h_C，则由前沿边 AB 向前推进生成新的网格点时，三角单元 $AB\hat{v}$ 的尺寸 $\Delta_{AB\hat{v}}$ 由式 (2.18) 确定：

$$\Delta_{AB\hat{v}} = \frac{2h_C + \varepsilon}{(h_A + h_B) + \varepsilon} \Delta_{ABC} \tag{2.18}$$

其中，Δ_{ABC} 为三角单元 ABC 的尺寸；ε 为足够小的正数（在 MATLAB 环境中取为浮点运算的相对精度 eps），ε 的作用是在曲率值为零时仍能确定一个合适的单元尺寸。若 $\|AB\|$ 接近或大于 $2\Delta_{AB\hat{v}}$，则对 AB 进行插值分割，基于分割线段估计 $\hat{v}$。在实际的编程实现中，应对单元尺寸自适应设定限制，如限制 $\Delta_{AB\hat{v}}$ 的上限为 $2\Delta_{ABC}$，以防止出现过大的三角单元。

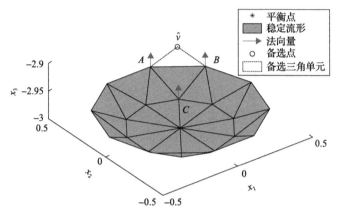

图 2.4　网格单元尺寸自适应示意图

单元尺寸自适应的引入提高了算法对流形曲率变化的适应性，同时也对算法的性能带来了影响。在迭代误差方面，若流形曲率持续减小，则网格单元尺寸会随之增大，迭代误差相应增大，计算精度随之下降。因此，为保证算法的全局精度，应设置单元尺寸的上限（本章中设置为初始尺寸的 2 倍）。偏微分方程算法的全局误差阶数为 $O(\Delta)$[217]，设置单元尺寸上限后，本章算法也可获得全局一阶精度。在计算量方面，如果流形曲率急剧增大，则本章算法使用的网格单元的尺寸就会急剧减小，为计算至指定轨线长度，所需的网格单元数将显著增多，计算量也将随之急剧增加。在实际编程实现中，可以通过设置单元尺寸的下限来防止计算量的急剧增加。在计算速度方面，由于单元尺寸自适应本身需要额外的计算时间，并且单元尺寸的减小会增加计算网格数，因此本章算法的计算速度比偏微分方程算法慢。

2.3.4　自适应推进

当有备选点被接受为已知点时，就意味着稳定流形网格向前推进了至少一个三角单元。图 2.5(a) 中，当 V 被接受时，将有三个备选三角单元被加入稳定流形网格中。此时需要对稳定流形网格的前沿进行更新，更新后的网格和前沿如图 2.5(b)所示。在更新后的前沿中将出现没有对应备选点的线段。因此,需要产生新的备选点和备选三角单元为后续的推进做准备。

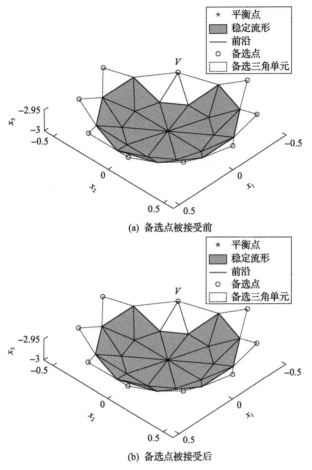

(a) 备选点被接受前

(b) 备选点被接受后

图 2.5 接受备选点与更新前沿

如图 2.5(b)所示,由于此时稳定流形网格的前沿已经发生了变化,需要根据前沿线段局部的几何特点自适应地放置新备选点。一方面,新放置的备选点及备选三角单元要避免与已有网格交叠;另一方面,新的备选三角单元的尺寸应适应稳定流形的曲率变化。前者需要考虑 V 点附近备选网格线段和前沿线段的角度关系,后者需要考虑 V 点相对于其相邻点的曲率变化。

设 $v_k v_l$ 为新接受三角形 $v_k v_l v_i$ 的一条边,且 $v_k v_l$ 位于稳定流形网格的前沿,$\|v_k v_l\| = L$。现考虑为 $v_k v_l$ 扩展出新的备选点,考察所有与 $v_k v_l$ 相邻的边(含备

选三角单元的边）。记 v_jv_k 和 v_lv_m 为与 v_kv_l 相邻且处于现有网格（含备选网格）最外围的边，则 v_jv_k 和 v_lv_m 为前沿边或备选三角单元的边。不妨设 v_lv_m 为前沿边，则 v_m 为稳定流形上的已知点，且 v_lv_m 没有对应的备选点。此时现有网格的最外围是由前沿边和备选三角单元边组成的空间多边形，并称最外围的边为外围边。记 $\gamma_1 = \angle v_jv_kv_l$ 为 v_jv_k 和 v_kv_l 所构成的外角，$\gamma_2 = \angle v_kv_lv_m$ 为 v_kv_l 和 v_lv_m 所构成的外角，$\gamma = \min(\gamma_1, \gamma_2)$。根据 γ 的大小，分以下两种情形产生新的备选点。

情形 1　$\gamma \geqslant \pi/2$，如图 2.6 所示，以 v_kv_l 为底生成一个等腰的备选三角单元 $v_kv_l\hat{v}$，该备选三角单元不会与已有网格交叠。三角单元的尺寸按式 (2.18) 的自适应原则来确定。为使网格单元尽可能规范（即接近于等边三角形），可对新备选三角单元的尺寸进行调整，记 $\|v_k\hat{v}\| = \|v_l\hat{v}\| = L_1$，则

$$L_1 = \begin{cases} 2L, & L \leqslant 0.5\Delta_{v_kv_l\hat{v}} \\ \Delta_{v_kv_l\hat{v}}, & 0.5\Delta_{v_kv_l\hat{v}} < L < 1.8\Delta_{v_kv_l\hat{v}} \end{cases} \tag{2.19}$$

式 (2.19) 中的常数是经验性的，借鉴了曲面三角化中网格单元控制的经验方法[218, 219]。式 (2.19) 中当 $L \leqslant 0.5\Delta_{v_kv_l\hat{v}}$ 时，令 $L_1 = 2L$ 是为了避免过于细长的三角单元，这将允许生成尺寸小于自适应尺寸的三角形。另外，为避免过于扁平的三角单元，当 $\|v_kv_l\| > 1.8\Delta_{v_kv_l\hat{v}}$ 时，应对 v_kv_l 进行分割，基于分割线段产生备选三角单元。

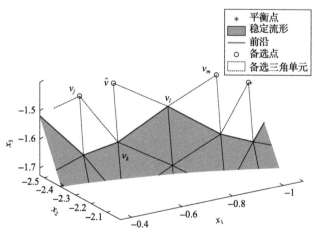

图 2.6　$\gamma \geqslant \pi/2$ 时新备选三角单元生成示意图

情形 2　$\gamma < \pi/2$，不失一般性，假设 $\gamma = \angle v_k v_l v_m$。如图 2.7 所示，若 $\lVert v_k v_m \rVert < 2\Delta_{v_k v_l \hat{v}}$，则令 $\hat{v} = v_m$，即新备选三角单元为 $v_k v_l v_m$。若 $\lVert v_k v_m \rVert \geqslant 2\Delta_{v_k v_l \hat{v}}$，则以 $v_k v_l$ 为底生成一个等腰的备选三角单元 $v_k v_l \hat{v}$，边长按式 (2.19) 确定。

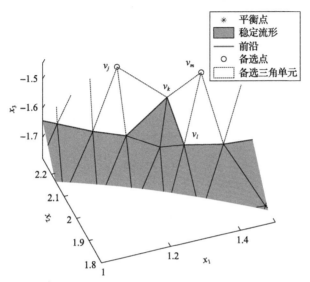

图 2.7　$\gamma < \pi/2$ 时新备选三角单元生成示意图

2.3.5　Lorenz 流形算例

Lorenz 系统[236]是验证稳定流形算法的经典算例，其方程为

$$\begin{cases} \dot{x}_1 = \varsigma(x_2 - x_1) \\ \dot{x}_2 = \rho x_1 - x_2 - x_1 x_3 \\ \dot{x}_3 = -\beta x_3 + x_1 x_2 \end{cases} \tag{2.20}$$

其中，$\varsigma = 10$；$\beta = 8/3$；$\rho = 28$。

原点是系统的一个平衡点，其对应的 Jacobian 矩阵特征值 $\lambda \approx -2.67$、-22.8、11.8。因此，原点有二维稳定流形，该流形沿著名的蝶形吸引子向内螺旋。在向内螺旋的过程中，稳定流形的曲率逐渐增大。按本章的自适应推进算法，在 Lorenz 流形的螺旋部分，网格三角单元的尺寸将逐渐减小以适应曲率的变化。

通过对原点附近稳定轨道的观察，选取初始邻域半径 $R = 2$，初始尺寸 $\Delta_0 = 0.6$。计算至轨道长度 $\Sigma = 130$，结果如图 2.8 所示。

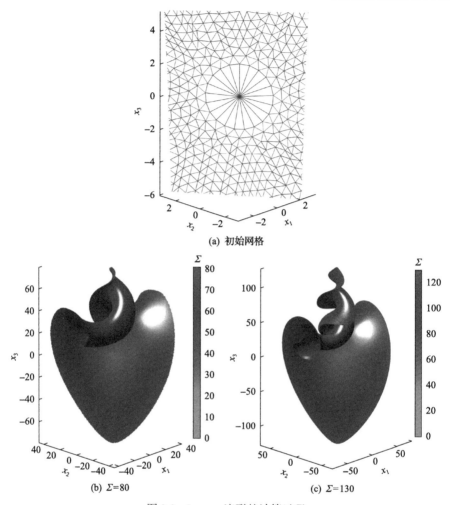

(a) 初始网格

(b) $\Sigma=80$　　　　　　　　　　　(c) $\Sigma=130$

图 2.8　Lorenz 流形的计算过程

　　由图 2.8 可知,利用本章所提算法计算稳定流形,所得流形网格在各方向上的推进速度大致是均衡的,不受系统向量场影响。径向因子法[31]通过引入径向控制因子也能得到各项均衡发育的流形。不同之处在于:径向因子法的主要目的是控制流形的径向增长速度,使得流形的发育在径向上是均衡的,而不关注流形网格单元尺寸对流形曲率的适应性;而本章算法的主要目的是让流形网格单元尺寸在全局范围根据流形曲率自适应地变化。本章算法没有严格控制流形的径向生长速度,而是在算法步骤 3 中,选择距平衡点最近的流形备选点作为新的流形生长点,来大致平衡流形在各方向的生长发育。在迭代的过程中，径向因子法实现了流形边缘到平衡点的径向距离相等，而本章算法则使得流形前沿到平衡点的轨道长度相等。

图 2.9 展示了向量场在不同方向上演化速度的差异，各轨道的演化时间相同，但各轨道段的长度差异显著。这表明 Lorenz 系统向量场在不同方向上的演化速度有较大差异。而图 2.8 的计算过程表明，稳定流形网格的扩展在各方向上是一致的，这表明算法不受系统向量场在各方向上演化速度差异的影响。

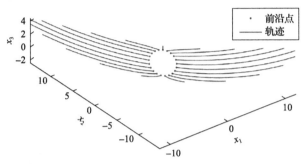

图 2.9   向量场在不同方向上演化速度的差异

图 2.10 是本章所提算法与偏微分方程算法在网格单元尺寸方面的对比。

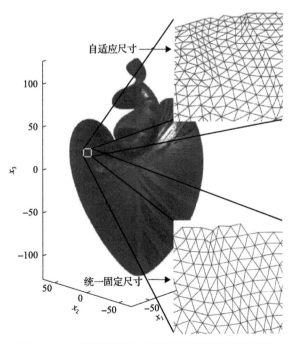

图 2.10   本章所提算法与偏微分方程算法网格对比

可见随着 Lorenz 流形的螺旋部分曲率的增大，利用本章所提算法，网格三角单元的尺寸自适应地逐渐减小。而偏微分方程算法计算的网格单元尺寸无明显变化，仍然使用全局统一的单元尺寸。Lorenz 流形的螺旋部分持续向内部卷曲，当螺旋半径接近全局统一尺寸时，偏微分方程算法将失效。本章所提算法能根据流形曲率自适应地调整单元尺寸，因此可以持续有效地计算下去。图 2.10 的结果充分表明了本章所提算法对流形曲率变化的自适应性。

2.3.6　类球面流形算例

对于系统 (2.21)[13]：

$$\begin{cases} \dot{x}_1 = (p(r, x_3) + x_3)x_1 \\ \dot{x}_2 = (p(r, x_3) + x_3)x_2 \\ \dot{x}_3 = p(r, x_3)x_3 - x_1^2 - x_2^2 \end{cases} \tag{2.21}$$

其中，$p(r, x_3) = (r - 3)[(r - 2)(r + x_3) + 1.5]$；$r = \sqrt{x_1^2 + x_2^2 + x_3^2}$。该系统在 x_3 轴上有平衡点：$x_a = (0, 0, -3)$，$x_b = (0, 0, 1.5)$，$x_c = (0, 0, 0.5)$，$x_d = (0, 0, 3)$。其中 x_a 对应的 Jacobian 矩阵特征值 $\lambda = -3$、-3、4.5，因此 x_a 有二维稳定流形。系统 (2.21) 的流切片如图 2.11 所示，x_a 的稳定流形是图 2.11 (b) 中的加粗曲线绕 x_3 轴旋转而成的类球面。

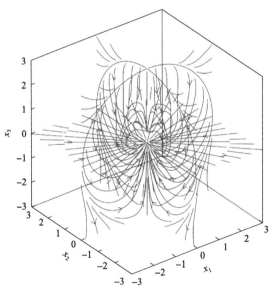

(a) 在 $x_1 = 0, x_2 = 0, x_3 = 0$ 平面内的流切片

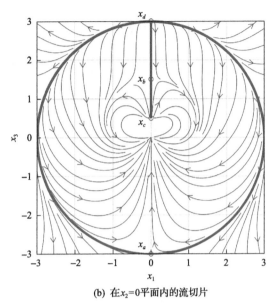

(b) 在 $x_2=0$ 平面内的流切片

图 2.11　系统 (2.21) 的流切片

　　通过对原点附近稳定轨道的观察，选取初始邻域半径 $R = 0.3$，初始尺寸 $\Delta_0 = 0.2$，计算至轨道长度 $\Sigma = 8.5$，结果如图 2.12 所示。系统 (2.21) 稳定流形的曲率在全局范围内变化不大，使用本章的自适应推进算法时网格单元的尺寸不会有明显变化，这与图 2.12 的计算结果是一致的。

　　原点是系统 (2.21) 的稳定平衡点，x_a 和 x_b 的稳定流形构成了原点稳定域的边界。即原点稳定域的边界由图 2.12 中的类球面和直线段 $x_c x_d$ 组成。

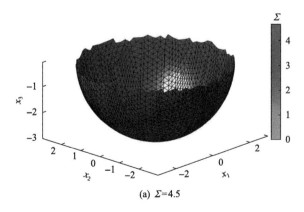

(a) $\Sigma = 4.5$

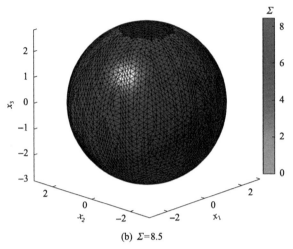

(b) $\Sigma=8.5$

图 2.12　类球面流形的计算过程

2.4　本 章 小 结

本章讨论了非线性动力学系统稳定性和稳定域的基本理论。首先研究了非线性系统稳定域的概念和求解方法。针对稳定流形的曲率在全局范围内有显著变化的事实，提出了一种二维稳定流形的自适应推进算法。该算法相对于现有算法的最大优势在于，计算过程中算法能根据稳定流形的曲率自适应地调整计算网格单元的尺寸。这一改进使得该算法能持续有效地计算全局流形，并产生高质量的流形结果。此外，该算法中备选点的生成规则是由稳定流形的几何特征决定的，能充分利用流形曲率等几何特征，因此流形网格的扩展不受系统向量场在各方向上演化速度差异的影响。

本章对非线性动力学系统稳定域的研究将为后续章节中研究结冰条件下的飞行安全性提供理论基础。

第3章 非线性动力学系统的可达性与可达集

3.1 引　言

可达性分析可以预测出系统状态是否会进入特定的危险区域或者是否会脱离给定的限制区域。可达性分析中的可达集、生存集(又称安全集)以及不变集与飞行安全有着直接的关系[26]，且能够全面地把握系统的演化过程，因此被广泛地应用于飞行安全包线确定[165,237]和飞行安全验证等领域[238]。对于飞机系统，关键飞行参数通常都被限制在一定的范围内。在起飞、着陆等阶段，飞行参数的变化较大。能否在飞行状态空间中找到一个区域，使得飞机在该区域中安全可控，既满足飞行需要，且飞行状态又不会超出给定的限制？安全集能很好地回答这个问题。本章将重点对安全集的计算问题以及其中涉及的重要函数进行讨论，为后续的飞行安全分析提供基础。

稳定域和可达集是研究飞行安全的两种重要工具[4]。本章通过推导建立稳定域和可达集之间的关系。在此基础上，提出一种基于 HJ PDE 的稳定域估计的隐式算法，该算法的主要优势是不需要分析稳定域边界上的平衡点，且便于数值计算和数据库存储。

3.2　非线性动力学系统的可达集

3.2.1　可达集相关概念

考虑如下的动力学系统：

$$\dot{x} = f(x,u,d) \tag{3.1}$$

其中，$x \in \mathbf{R}^n$ 为状态变量；$u \in U \subseteq \mathbf{R}^m$ 为外部输入；$d \in D \subseteq \mathbf{R}^q$ 为外部扰动；$\dot{x}$ 是 x 对时间变量 $t(t \in \mathbf{R})$ 的导数。假设函数 f 满足解的存在性与唯一性条件，系统 (3.1) 的解轨线记为 $\xi_f(t;x_0,t_0,u(\cdot),d(\cdot))$。

由于系统 (3.1) 的解存在且唯一，其可以按时间的正向和反向演化，相应地可以定义正向可达集与反向可达集，如图 3.1 所示。

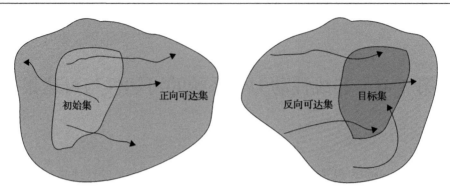

图 3.1　正向可达集与反向可达集示意图

对于系统状态空间中的点 x，如果初始集 $I \subseteq \mathbf{R}^n$ 中存在状态点 x_0，在允许控制 $u(t) \in U (0 < t < t_{terminal})$ 和任意扰动 $d(t) \in D (0 < t < t_{terminal})$ 的作用下，使得状态 x 位于系统 (3.1) 的解轨线 $\xi_f(t; x_0, t_0, u(\cdot), d(\cdot))$ 上，则状态 x 属于系统 (3.1) 的正向可达集 $F_f(I, [0, t_{terminal}])$。

定义 3.1　系统 (3.1) 对应于初始集 $I \subseteq \mathbf{R}^n$ 的正向可达集为

$$F_f(I, [0, t_{terminal}]) := \{x \in \mathbf{R}^n \mid \exists x_0 \in I, \ \exists u(\cdot) \in U, \ \forall d(\cdot) \in D, \\ \exists \tau \in [0, t_{terminal}], \xi_f(\tau; x_0, 0, u(\cdot), d(\cdot)) = x\} \tag{3.2}$$

正向可达集 $F_f(I, [0, t_{terminal}])$ 给出了系统从初始集 I 出发，演化时间 $t_{terminal}$ 的所有可能状态，包含了系统未来能够达到的状态。而反向可达集则是研究系统的历史状态。对于给定的目标集 $T \subseteq \mathbf{R}^n$，反向可达集 $B_f(T, [0, t_{terminal}])$ 包含了能够达到 T 集的状态点的集合。

定义 3.2　系统 (3.1) 对应于目标集 $T \subseteq \mathbf{R}^n$ 的反向可达集为

$$B_f(T, [0, t_{terminal}]) := \{x_0 \in \mathbf{R}^n \mid \exists x \in T, \ \exists u(\cdot) \in U, \ \forall d(\cdot) \in D, \\ \exists \tau \in [0, t_{terminal}], \xi_f(\tau; x_0, 0, u(\cdot), d(\cdot)) = x\} \tag{3.3}$$

正向可达集和反向可达集可用于检验系统是否会演化到某些给定的危险状态，进而可用于验证系统的安全性[164]。

出于安全考虑，实际系统的状态变量要进行适当的限制。假设系统状态变量限制在集合 $C \subset \mathbf{R}^n$ 内。于是一个重要的问题是，状态空间中是否存在特定的区域，当系统位于该区域时，在允许控制 $u \in U$ 和可能的扰动 $d \in D$ 作用下，系统不会超出状态限制。这引出了如下重要的可达性集合。

定义 3.3　系统 (3.1) 对应于限制集 $C \subseteq \mathbf{R}^n$ 的生存集为

$$
\begin{aligned}
V_f(C,[0,t_{\text{terminal}}]) &:= \{x \in \mathbf{R}^n \,|\, \exists u(\cdot) \in U, \ \forall d(\cdot) \in D, \\
&\qquad \forall \tau \in [0,t_{\text{terminal}}], \xi_f(\tau;x,0,u(\cdot),d(\cdot)) \in C\}
\end{aligned}
\tag{3.4}
$$

集合 $V_f(C,[0,t_{\text{terminal}}])$ 是在允许控制下，保证系统状态不超出限制的最大状态集合。当系统位于集合 $V_f(C,[0,t_{\text{terminal}}])$ 之外时，状态超限将不可避免，且最多在时间 t_{terminal} 后就会超限[26]。对于飞机系统，关键状态参数（如迎角）必须保持在限制范围内，否则会引发重大飞行事故。可见，集合 $V_f(C,[0,t_{\text{terminal}}])$ 与飞行安全密切相关，因此在许多文献中，$V_f(C,[0,t_{\text{terminal}}])$ 被作为安全集[26,165,170]。

正向可达集、反向可达集和安全集都是描述动力学系统可达性的集合，因此统称为可达集[26,173]。在计算可达集的诸多算法中，基于 HJ PDE 的方法统一了各种可达集的计算，并可以通过水平集算法具体实现，因此得到了广泛应用[171,239]。

3.2.2　可达集的计算

正向可达集、反向可达集和安全集的求解可以转化为优化控制问题，由 HJ PDE 的黏性解描述[26,166]，具体可通过水平集算法实现[34,167,240,241]。令 $\phi(x,t)$ 为终值 HJ PDE (3.5) 的黏性解：

$$
\begin{aligned}
&\frac{\partial \phi(x,t)}{\partial t} + \min[0, H(x,p)] = 0 \\
&\phi(x,0) = \phi_0(x)
\end{aligned}
\tag{3.5}
$$

其中，$H(x,p)$ 为哈密顿项；$\phi_0(x)$ 为边界条件。对于正向可达集、反向可达集和安全集，$H(x,p)$ 和 $\phi_0(x)$ 的选取有所不同。正向可达集可以转化为反向可达集来计算[242]，且在安全分析中，反向可达集使用得更多[164]，因此本章重点讨论反向可达集和安全集的计算问题。

哈密顿项是一个优化问题，可以在最优控制或微分博弈的框架内解决[26,166,172]。对于反向可达集，其哈密顿项为

$$
H_{B_f}(x,p) = \min_{u \in U} \max_{d \in D} p^{\mathrm{T}} f(x,u,d)
\tag{3.6}
$$

其中，p 为隐函数 $\phi(x,t)$ 的梯度，即

$$p = \frac{\partial}{\partial x}\phi(x,t) \qquad (3.7)$$

计算反向可达集的边界条件被用来描述目标集 T，通常设置成当 $\phi_0(x) \leqslant 0$ 时，$x \in T$，而 $\phi_0(x) > 0$ 时，$x \notin T$。最终反向可达集由隐函数的水平集来描述[166]，即

$$B_f(T,[0,t_{\text{terminal}}]) = \left\{ x \in \mathbf{R}^n \mid \phi(x,-t_{\text{terminal}}) \leqslant 0 \right\} \qquad (3.8)$$

在数值实现中，通过迭代获得反向可达集 $B_f(T,[0,t_{\text{terminal}}])$ 的估计值，即

$$B_f(T,[t,t_{\text{terminal}}]) = \left\{ x \in \mathbf{R}^n \mid \phi(x,t-t_{\text{terminal}}) \leqslant 0 \right\} \qquad (3.9)$$

其中，$0 \leqslant t \leqslant t_{\text{terminal}}$。

对于安全集

$$H_{V_f}(x,p) = \max_{u \in U} \min_{d \in D} p^{\mathrm{T}} f(x,u,d) \qquad (3.10)$$

计算安全集的边界条件被用来描述限制集 C，通常设置成当 $\phi_0(x) \geqslant 0$ 时，$x \in C$，而 $\phi_0(x) < 0$ 时，$x \notin C$。安全集被描述为[26]

$$S = V_f(C,[0,t_{\text{terminal}}]) = \left\{ x \in \mathbf{R}^n \mid \phi(x,-t_{\text{terminal}}) > 0 \right\} \qquad (3.11)$$

显然哈密顿项是有几何含义的，$p^{\mathrm{T}} f(x,u,d)$ 是两个向量的内积，也是向量 $f(x,u,d)$ 在梯度 p 上的投影。$f(x,u,d)$ 是系统在控制 u 和干扰 d 下的向量场，u 或 d 的变化会引起系统向量场的旋转。可见哈密顿项是隐函数梯度与系统向量场的内积的优化值，优化的方向是使所计算的可达集最大。

在反向可达集的迭代计算中，控制量 u 的作用是使系统尽可能向着目标集运动，使反向可达集尽可能大。而干扰项 d 的作用是尽可能地让系统远离目标集，使反向可达集尽可能小。由式(3.5)可知，隐函数 $\phi(x,t)$ 对时间变量 t 的导数非负，因此在沿时间反向迭代求解式(3.5)时，隐函数 $\phi(x,t)$ 的值是递减的，反向可达集的估计值 $B_f(T,[t,t_{\text{terminal}}])$ 逐渐扩张。由于梯度 p 指向 $\phi(x,t)$ 增加的方向，并且是 $\phi(x,t)$ 增加最快的方向，而反向可达集对应状态空间中

$\phi(x,t)$ 值小于或等于零的部分，因此在集合 $B_f(T,[t,t_{\text{terminal}}])$ 的边界附近，$\phi(x,t)$ 的梯度 p 指向该集合的外侧。而控制量 u 会使系统向量场尽量指向 $B_f(T,[t,t_{\text{terminal}}])$ 的内部，因此 u 向着使内积 $p^{\text{T}}f(x,u,d)$ 最小的方向优化，d 则相反。

在安全集的迭代计算中，估计值 $V_f(C,[t,t_{\text{terminal}}])$ 逐渐收缩。在估计值 $V_f(C,[t,t_{\text{terminal}}])$ 边界附近，p 指向其内部。$f(x,u)$ 与 p 的夹角越小，内积 $p^{\text{T}}f(x,u)$ 越大。因此，u 的意图是尽可能地将系统向量场 $f(x,u)$ 扭向 p 的方向，也就是向着使 $p^{\text{T}}f(x,u,d)$ 最大的方向优化，d 则相反。随着迭代的持续，当边界不再随迭代变化时，对在安全集的边界上的点 $x\in\partial S$，有 $\phi(x,-t_{\text{terminal}})=0$。但 $H(x,p)\geqslant 0$，否则边界将继续收缩。这表明，在最优解 u^* 的作用下，系统轨线在该点处的速度向量 $f(x,u^*)$ 与 $\phi(x,-t_{\text{terminal}})$ 的梯度向量 p 夹角为锐角，即系统轨线在该点处指向安全集内部，系统将向 S 内部运动。

记优化问题 (3.6) 和问题 (3.10) 的最优解为 u^*、d^*。u^* 是针对目标函数 $p^{\text{T}}f(x,u,d)$ 的最优控制，d^* 是与控制量 u 作用最相悖的干扰值。目标函数 $p^{\text{T}}f(x,u,d)$ 与经典最优控制理论中的目标函数有着不同的含义。为避免混淆，本章统一使用 u^* 指称满足优化问题 (3.6) 和问题 (3.10) 的控制律，而不使用最优控制来指称 u^*。

3.2.3　状态空间中与可达集相关的函数

基于 HJ PDE 求解可达集问题时，在系统状态空间中涉及如下函数。

(1) 系统向量场 $f(x,u,d):\mathbf{R}^n\oplus\mathbf{R}^m\oplus\mathbf{R}^q\to\mathbf{R}^n$，向量场。

(2) HJ PDE 的解 $\phi(x,t):\mathbf{R}^n\oplus\mathbf{R}\to\mathbf{R}$，数量场。

(3) 黏性解函数 $\phi(x,t)$ 的梯度 $p=\nabla\phi:\mathbf{R}^n\to\mathbf{R}^n$，向量场。

(4) 哈密顿项 $H(x,p):\mathbf{R}^n\to\mathbf{R}$，数量场。

上述函数在飞行安全分析中具有重要作用，本章将在分析一个简单二维系统安全集的过程中，进一步阐述上述函数的含义。考虑单摆模型 (图 3.2)，该系统是典型的非线性动力学系统，其物理含义简单明确，且能较准确地描述实际系统 (如秋千、海盗船等)。因此，单摆模型可以用来直观地阐述相关函数的物理含义，且便于检验结果的正确性。

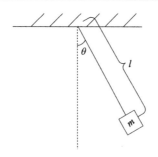

图 3.2　单摆模型示意图

根据角动量定理，有

$$-mgl\sin\theta - kl^2\dot{\theta} + T = ml^2\ddot{\theta} \qquad (3.12)$$

其中，m 为重物块的质量；g 为重力加速度；l 为质心到转轴的距离；θ 为摆角；k 为空气阻尼系数；T 为外部输入的控制转矩。为简化分析，在此模型中不考虑扰动项。模型参数取值如表 3.1 所示。

表 3.1　单摆模型参数取值

参数	数值
重物质量 m	0.1kg
质心距离 l	1m
空气阻尼系数 k	0.1

令 $x_1 = \theta$，$x_2 = \dot{\theta}$，得其状态方程为

$$\begin{cases} \dot{x}_1 = x_2 \\ \dot{x}_2 = -\dfrac{g}{l}\sin x_1 - \dfrac{k}{m}x_2 + \dfrac{1}{ml^2}T \end{cases} \qquad (3.13)$$

令 $\dot{x}_1 = \dot{x}_2 = 0$，求系统的平衡点：

$$\begin{cases} 0 = x_2 \\ 0 = -\dfrac{g}{l}\sin x_1 - \dfrac{k}{m}x_2 + \dfrac{1}{ml^2}T \end{cases} \qquad (3.14)$$

可知系统的平衡点 $\hat{x}$ 为 $\hat{x} = 2k\pi + \arcsin(T/g)$，$\hat{x} = (2k+1)\pi - \arcsin(T/g)$，其中 $k = 0, \pm 1, \pm 2, \cdots$。物理上对应的平衡状态有两个，即 $(\arcsin(T/g), 0)$ 和

$(\pi - \arcsin(T/g), 0)$，其他状态是这两种状态的周期性重复。其中 $(\arcsin(T/g), 0)$ 为稳定的平衡点。通过调节外部输入转矩 T，可以将系统稳定在不同的摆角上。调节外部输入转矩 T，实际上相当于旋转系统的向量场，不同 T 值下，系统的向量场如图 3.3 所示。

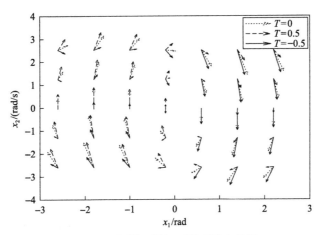

图 3.3　不同输入转矩下的系统向量场

当 $T = 0.5$ 时，系统的相图如图 3.4 所示。

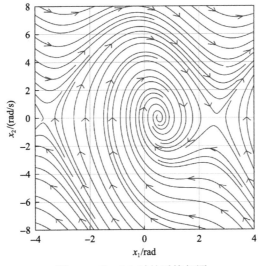

图 3.4　$T = 0.5$ 时的系统相图

实际中，系统状态总会受到一定的限制。例如，周围环境会对摆角进行限制，结构强度和过载会对角速度进行限制。要保证系统不超出状态限制，需要确定系统的安全集。利用 HJ PDE(3.5)求取该系统的安全集，首先解决优化问题(3.10)，即

$$H(x,p) = \sup_{T \in [T_{\min}, T_{\max}]} \left[p_1 x_2 - p_2 \left(\frac{g}{l} \sin x_1 + \frac{k}{m} x_2 \right) + \frac{p_2}{ml^2} T \right] \quad (3.15)$$

其中，$p = (p_1, p_2)$，可见目标函数 $p^T f(x,T)$ 与输入转矩 T 呈线性关系，易知式(3.15)的最优解可取为

$$T^* = \begin{cases} T_{\max}, & p_2 > 0 \\ T_{\min}, & 其他 \end{cases} \quad (3.16)$$

令其系统状态限制为 $\theta_{\min} = -2\text{rad}$、$\theta_{\max} = 2\text{rad}$、$\dot{\theta}_{\min} = -2\text{rad/s}$、$\dot{\theta}_{\max} = 2\text{rad/s}$，边界条件取为

$$\phi_0(x) = \min\{x_1 - \theta_{\min}, \theta_{\max} - x_1, x_2 - \dot{\theta}_{\min}, \dot{\theta}_{\max} - x_2\} \quad (3.17)$$

外部输入转矩的限制为 $T_{\min} = -0.5\text{N} \cdot \text{m}$，$T_{\max} = 0.5\text{N} \cdot \text{m}$。根据式(3.16)，利用水平集算法求解式(3.5)，得到对应于不同终端时间下解函数 $\phi(x,t)$ 的水平集，如图 3.5 所示。

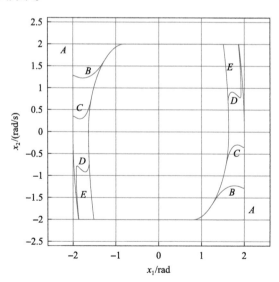

图 3.5　不同终端时间下的解函数 $\phi(x,t)$ 的水平集

图 3.5 中，曲线 A 为终值条件，即 $\phi_0(x)$ 的水平集，曲线 B 为计算至终端时间 $t_{\text{terminal}} = 0.25\text{s}$ 时 $\phi(x, -0.25)$ 的水平集，曲线 C、D、E 分别对应终端时间 $t_{\text{terminal}} = 0.5\text{s}$、$0.75\text{s}$、$1.0\text{s}$。可见，水平集随着终端时间的增大而收缩。在 $t_{\text{terminal}} \approx 1.0\text{s}$ 时，收缩停止，终端时间 $t_{\text{terminal}} \geqslant 1.0\text{s}$ 的水平集保持不变。这意味着对于所有包含于水平集 E 的系统状态，总能找到可行的控制使系统始终保持在水平集 E 内，从而也包含在状态限制内。终端时间 $t_{\text{terminal}} = 1.0\text{s}$ 并不是说系统能在 1.0s 内稳定。而是意味着，对于水平集 E 之外的系统状态，在允许控制内，无论如何控制，系统都将在最多 1.0s 后超出状态限制 A。这正是将水平集 E 作为系统安全集边界的含义，系统安全集如图 3.6 所示。其中，虚线为系统的状态限制，中间灰色区域为系统的安全集，实线为安全集的边界。

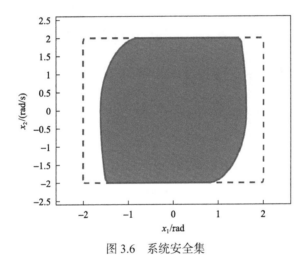

图 3.6　系统安全集

计算至终端时间 $t_{\text{terminal}} = 1.0\text{s}$，HJ PDE (3.5) 的解函数 $\phi(x, -1)$ 及其梯度场如图 3.7 所示。其中，解函数 $\phi(x, -1)$ 被渲染为曲面，其梯度向量以箭头簇的形式贴附在函数值曲面上。其中的闭曲线是 $\phi(x, -1)$ 的零值等值线，即安全集的边界。由图 3.7 可知，在安全集周围，梯度 p 指向安全集内部。

系统在 T^* 作用下的向量场和控制 $T = 0$ 的向量场如图 3.8 所示。图 3.8 中点虚线箭头簇是系统在式 (3.16)，即 $T = T^*$ 作用下的向量场。虚线箭头簇是解函数 $\phi(x, -1)$ 的梯度场 p。实线箭头簇是输入转矩 $T = 0$ 时系统的向量场。由图 3.8 可知，相对于 $T = 0$，$T = T^*$ 使系统向量场与 $\phi(x, -1)$ 的梯度场之间的夹角显著减小，从而使得二者的内积增大。事实上，如哈密顿项所要求的那

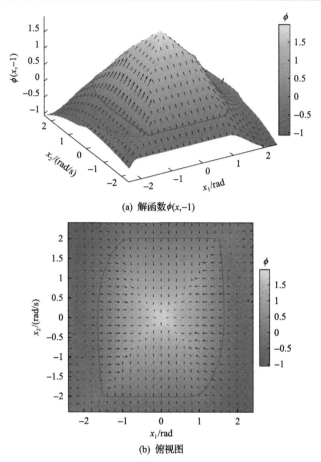

(a) 解函数 $\phi(x,-1)$

(b) 俯视图

图 3.7　计算至终端时间 1.0s 的解函数及其梯度场

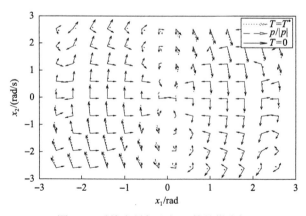

图 3.8　系统向量场和解函数的梯度场

样，$T = T^*$ 在可用控制范围内，使得 $f(x, T^*)$ 与 p 的内积最大。内积 $p^T f(x, T^*)$ 对应的数量场如图 3.9 所示。其中黄色曲面为 $p^T f(x, T^*)$，亦即 $H(x, p)$，绿色曲面为 $p^T f(x, 0)$。可见在控制的作用下，系统向量场与 $\phi(x, -1)$ 梯度场之间的内积增大。

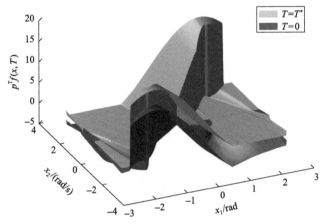

图 3.9　系统向量场与解函数梯度场的内积

　　根据安全集的定义，对于安全集内的系统状态点 $x \in S$，总能找到允许的控制，使得系统运行在安全集内从而不超出状态限制。显然，并非所有的镇定控制器都能让系统不超出状态限制。例如，系统 (3.13) 的零点是稳定平衡点，因此系统在没有镇定控制器的作用下也能保持稳定。但如果不采取合适的控制，即便起始于安全集内的状态点，系统也会超出状态限制。控制 $T = 0$ 时，系统起始于 $x = (-1.5\text{rad}, -1\text{rad/s})$ 的轨线如图 3.10 所示。

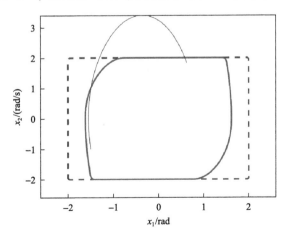

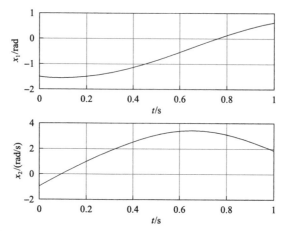

图 3.10　$T=0$ 时系统起始于 $x=(-1.5\mathrm{rad},-1\mathrm{rad/s})$ 的轨线

由图 3.10 可知，对于安全集内的状态，如果不采取合适的控制，系统也是会运行出系统限制的。另外，对于安全集内的系统状态，总能找到使系统保持在状态限制内运行的控制。其中，哈密顿项的最优解就对应了一种这样的可行控制。在最优解 $T=T^*$ 对应的控制下，系统起始于 $x=(-1.5\mathrm{rad},-1\mathrm{rad/s})$ 的轨线如图 3.11 所示。

由图 3.11 可知，在 $T=T^*$ 的控制下，系统起始于 $x=(-1.5\mathrm{rad},-1\mathrm{rad/s})$ 的轨线始终保持在安全集内，从而始终保持在状态限制内。该轨线对应的控制量 T 的曲线如图 3.12 所示。

由图 3.12 可见，当系统状态处于安全集内部时，$T=T^*$ 时产生的控制量存在类似于 Bang-Bang 控制的剧烈抖振。可以设计一种简单的切换策略来减少

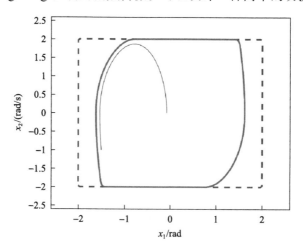

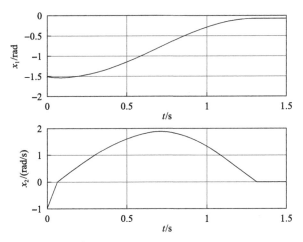

图 3.11　$T = T^*$ 时系统起始于 $x = (-1.5\text{rad}, -1\text{rad/s})$ 的轨线

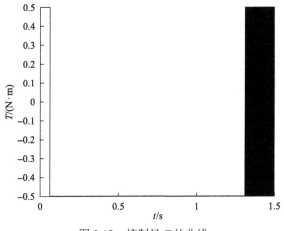

图 3.12　控制量 T 的曲线

这种抖动,即当系统状态位于安全集内部时采用普通的镇定控制器,而当系统状态到达安全集边界时切换为 T^* 控制。在该切换策略下,系统的相图如图 3.13 所示。

在上述切换策略下,系统起始于 $x = (-1.5\text{rad}, -1\text{rad/s})$ 的轨线如图 3.14 所示。对应的控制量曲线如图 3.15 所示。

相对于图 3.12,图 3.15 中控制量的抖动有明显改善。在图 3.14 中,当系统状态到达安全集的边界后,T^* 控制被启用,系统轨线在边界上滑动一段时间后进入安全集内部,这是由 T^* 控制下系统在安全集边界上的向量场决定的。

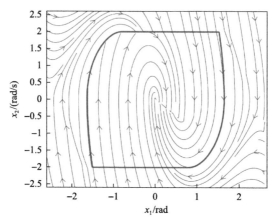

图 3.13　切换策略下的系统相图

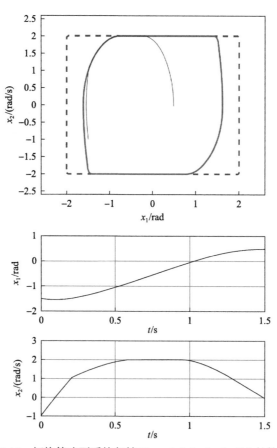

图 3.14　切换策略下系统起始于 $x = (-1.5\text{rad}, -1\text{rad/s})$ 的轨线

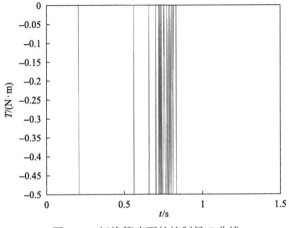

图 3.15　切换策略下的控制量 T 曲线

如图 3.16 所示，在 T^* 控制下，系统在安全集边界上的向量场有些部分与边界相切，有些部分指向边界内部。当系统状态与安全集边界接触点附近的向量场与边界相切时，轨线将沿边界滑动。直到滑动至向量场指向安全集内部的地方，轨线将进入安全集内部。

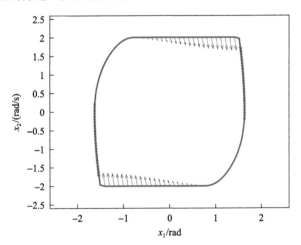

图 3.16　T^* 控制下安全集边界上的系统向量场

3.3　稳定域与可达集

由稳定域的定义可知，平衡点 x_s 的稳定域实际上就是由能够沿系统轨线

趋向于 x_s 的状态点组成的。这与可达集的含义有共通性，提示二者之间具有密切的关系。正向可达集和反向可达集都可用于估计稳定域[199]，本章侧重于建立反向可达集与稳定域的关系，并据此提出一种基于 HJ PDE 估计稳定域的算法。

3.3.1　稳定域与可达集之间的关系

稳定域与反向可达集之间的关系曾在分段线性系统中被非正式提出过[206,243]。简单地认为 x_s 的稳定域与其反向可达集等同是不合适的。对于反向可达集，集合内部的状态点必须能到达目标集，而稳定域内的状态点只需要趋向于稳定平衡点，因此有必要正式建立起二者之间的关系。根据李雅普诺夫定理，渐近稳定平衡点周围存在收敛于该平衡点的区域 Ω，下面的引理正是从该区域入手研究反向可达集与稳定域的关系[201]。

引理 3.1　设 x_s 为系统 (2.1) 的渐近稳定平衡点，Ω° 表示集合内部，则 Ω 满足

$$\begin{cases} x_s \in \Omega^\circ \\ \Omega \subset A_f(x_s) \end{cases} \tag{3.18}$$

则

$$A_f(x_s) = B_f(\Omega,[0,\infty)) \tag{3.19}$$

证明　由于 $x_s \in \Omega^\circ$，于是存在 $\varepsilon > 0$，使得

$$\Omega_\varepsilon = \left\{ x \in \mathbf{R}^n \mid \|x - x_s\| \leqslant \varepsilon \right\} \subset \Omega$$

对于任意 $x_0 \in A_f(x_s)$，由于 $\lim_{t \to \infty} \xi_f(t;x_0,0) = x_s$，于是存在 $T > 0$，使得

$$\|x_s - \xi(t;x_0,0)\| \leqslant \varepsilon$$

对所有 $t \geqslant T$ 均成立。

令 $x_T = \xi_f(T;x_0,0)$，则 $x_T \in \Omega$，于是

$$x_0 \in B_f(\Omega,[0,\infty))$$

因此

$$A_f(x_s) \subset B_f(\Omega,[0,\infty)) \tag{3.20}$$

另外，对于任意 $x_0 \in B_f(\Omega,[0,\infty))$，存在 $0 < T < \infty$ 和 $x \in \Omega$，使得 $\xi_f(T;x_0,0) = x$。由于 $\Omega \subset A_f(x_s)$，所以 $\lim\limits_{t\to\infty} \xi_f(t;x,0) = x_s$。于是有

$$\lim_{t\to\infty} \xi_f(t+T;x_0,0) = x_s$$

从而 $x_0 \in A_f(x_s)$，因此

$$B_f(\Omega,[0,\infty)) \subset A_f(x_s) \tag{3.21}$$

基于式 (3.20) 和式 (3.21) 有

$$A_f(x_s) = B_f(\Omega,[0,\infty))$$

证毕。

引理 3.1 通过一个包含渐近稳定平衡点且包含在稳定域中的闭集 Ω 建立起了稳定域与反向可达集的关系。Camilli 等[8]利用第一次击中时间集给出了相似的结果。在 Camilli 等给出的方法中，第一次击中时间集是由 Zubov 类方程描述的，该方程的求解较为困难。引理 3.1 表明，稳定域可以通过计算反向可达集来得到。于是稳定域可以采用基于 HJ PDE 黏性解的方法计算，而 HJ PDE 黏性解问题有许多可行的解法，如水平集算法[240]。

3.3.2　基于 HJ PDE 的稳定域估计算法

根据引理 3.1 和 Lygeros[26]、Mitchell 等[166]关于反向可达集的 HJ PDE 表述，对于系统 (2.1) 有以下推论。

推论 3.1　令 $\phi(x,t)$ 为终值 HJ PDE (3.22) 的黏性解，即

$$\frac{\partial \phi}{\partial t} + \min\left[0, \left(\frac{\partial \phi}{\partial x}\right)^{\mathrm{T}} f(x)\right] = 0 \tag{3.22}$$

$$\phi(x,0) = \phi_0(x)$$

其中，$\phi_0(x)$ 为 Lipschitz 连续有界，并且

$$x_s \in \left\{x \in \mathbf{R}^n \mid \phi_0(x) \leqslant 0\right\}$$
$$\left\{x \in \mathbf{R}^n \mid \phi_0(x) \leqslant 0\right\} \subset A_f(x_s) \tag{3.23}$$

则

$$A_f(x_s) = \left\{ x \in \mathbf{R}^n \mid \phi(x, -\infty) < 0 \right\} \tag{3.24}$$

推论 3.1 将稳定域的计算问题转化为 HJ PDE 黏性解问题。通过跟踪黏性解 $\phi(x,t)$ 的演化即可获得稳定域的估计。随着演化时间的增加，稳定域的估计将逐渐趋近于真实值，且稳定域的估计始终包含在真实稳定域中，下面的注记保证了稳定域估计的这些性质。

注记 3.1 由于 $\partial\phi/\partial t \geqslant 0$，对于 $0 < T < \infty$ 有 $\phi(x, -T) \geqslant \phi(x, -\infty)$，即

$$\left\{ x \in \mathbf{R}^n \mid \phi_0(x, -T) \leqslant 0 \right\} \subset \left\{ x \in \mathbf{R}^n \mid \phi_0(x, -\infty) \leqslant 0 \right\} = A_f(x_s)$$

注记 3.2 由于 $\partial\phi/\partial t \geqslant 0$，对于 $0 < T_1 < T_2 < \infty$ 有 $\phi(x, -T_1) \geqslant \phi(x, -T_2)$，即

$$\left\{ x \in \mathbf{R}^n \mid \phi_0(x, -T_1) \leqslant 0 \right\} \subset \left\{ x \in \mathbf{R}^n \mid \phi_0(x, -T_2) \leqslant 0 \right\}$$

注记 3.2 则进一步表明，随着演化时间的增加，稳定域的估计是单调递增的。

根据推论 3.1、注记 3.1 和注记 3.2，本章提出一种估计稳定域的迭代算法，该算法通过在一个固定的笛卡儿网格上跟踪 HJ PDE 黏性解的演化而获得稳定域的估计。在每次迭代中，该算法将产生一个比之前更大的稳定域估计，随着迭代的持续逐渐逼近真实稳定域。该算法的大致步骤如下所示。

步骤 1：创建计算网格。状态空间被离散化为固定的笛卡儿网格，稳定域的估计值将在该网格上迭代演化。

步骤 2：计算网格上的向量场。在步骤 1 中创建的网格上计算系统 (2.1) 的向量场，用于构造哈密顿项。

步骤 3：创建计算的初始条件。计算的初始条件对应于 HJ PDE 的边界条件，其水平集是稳定域的初始估计。基于线性化系统的二次李雅普诺夫函数可用于生成初始条件。此外，距离函数 $\phi_0(x) = \|x - x_s\|_2 - c$ 也可以作为初始条件，其中常量 $c \in \mathbf{R}^+$ 是初始球形域的半径。

步骤 4：计算 HJ PDE 的黏性解。对 HJ PDE 沿时间反方向积分。设置一个迭代周期，如 ΔT，设置总迭代时间的限制，如 T_z。每次迭代都会产生新的解函数 $\phi(x, t - \Delta T)$ 和新的稳定域估计。然后以 $\phi(x, t - \Delta T)$ 为初始条件继续迭代，直到 $\phi(x,t)$ 的水平集保持不变或者总演化时间达到 T_z。

对于非线性自治系统，稳定域通常是状态空间的子集。因此，步骤 1 中

的网格总是可以通过反复试验获得。此外,该算法中,稳定域的计算精度最终取决于网格单元的尺寸。可以通过调整网格单元的尺寸,将稳定域估计至任意期望的精度。对于具有无界稳定域的系统,该算法可以准确计算出网格范围内的稳定域部分。对于初始条件,通过引理 3.1 可知,任何包含渐近稳定平衡点且包含在稳定域中的封闭区域都可用于构造初始条件 $\phi_0(x)$。在步骤 4 中,可以交互地确定适当的总演化时间限制 T_z,即如果估计值在 T_z 之前显著变化,则增加 T_z。由于前一个结果可以用作初始条件,修改 T_z 并不需要重复计算之前的结果。

算法的关键过程是计算 HJ PDE 的黏性解[244],该问题有许多数值方法[240],其中水平集方法[34,240,241]使用最为广泛。在水平集方法中,状态空间被离散化为网格,HJ PDE 的解被离散化为定义在网格节点上的隐函数。水平集方法的关键过程之一是哈密顿项的估算,由于水平集方法对空间精度敏感,高阶精度方法[245]是近似空间导数 $\partial\phi/\partial x$ 的理想选择。对于稳定域估计问题,HJ PDE 可以重新写成如下形式:

$$\frac{\partial\phi}{\partial t} = -\min\left[0, \left(\frac{\partial\phi}{\partial x}\right)^{\mathrm{T}} f(x)\right] \tag{3.25}$$

可见,计算出哈密顿项后,式(3.25)可以通过成熟的数值积分算法求解,如经典的 Runge-Kutta 方法[246]。

本章所提算法对于一般的非线性自治系统是通用的。相比于 Zubov 类方法[7,8],本章算法不需要提供与系统相关的辅助函数。相比于基于稳定流形的方法,本章算法不需要分析稳定域边界上的平衡点,因此更易于使用。另外,本章算法也存在一些不足之处,其中最主要的是算法的计算量将随系统维数呈指数式增长,因此对于高维系统该算法计算时间会很长。该算法的一个MATLAB 实现已开源到互联网上[247],该实现仅需要基本的 MATLAB 环境,使用简单,通常只需要用户提供系统方程和一些可选参数。

3.3.3 算例

应用本章所提的基于 HJ PDE 的稳定域估计算法估计系统(2.21)原点的稳定域。计算网格范围为 $x_1 \in [-3,3]$、$x_2 \in [-3,3]$、$x_3 \in [-3,3]$,网格单元尺寸设为 0.1,边界条件为 $\phi_0 = x^{\mathrm{T}}x - 0.4$。计算结果如图 3.17 所示。图 3.17(a)中曲面 A 对应于初始条件,即作为稳定域的初始估计。曲面 B、C 和 D 分别对应演化时间为 1s、2s 和 5s 的估计结果。演化 5s 后所得的 HJ PDE 的解函数如图 3.17(b) 所示。

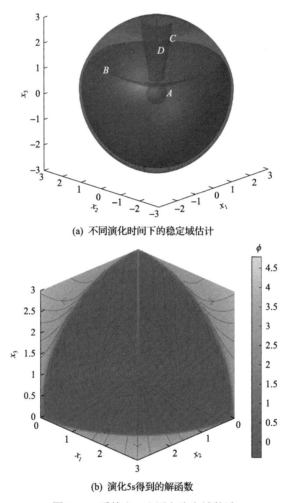

(a) 不同演化时间下的稳定域估计

(b) 演化5s得到的解函数

图 3.17 系统 (2.21) 原点稳定域估计

图 3.17(a) 中每个曲面内部所包含的区域对应着稳定域的估计。可见随着演化时间的增加，HJ PDE 所估计的稳定域单调增大，并且始终包含在系统真实稳定域的内部。

3.3.4 稳定流形方法与 HJ PDE 方法的对比

将图 3.17(a) 中的曲面 D 和 x_a 的稳定流形 $W^s(x_a)$ 渲染到同一幅图中进行对比。

由图 3.18 可见，曲面 D 和稳定流形的计算结果几乎是无法区分的。在曲面 A 到曲面 D 的演化过程中，基于 HJ PDE 的稳定域估计算法（简称 HJ PDE 方法）产生的稳定域估计逐渐增大，趋向于系统的真实稳定域，并且演化过程中所得的稳定域估计始终包含在系统的真实稳定域中。

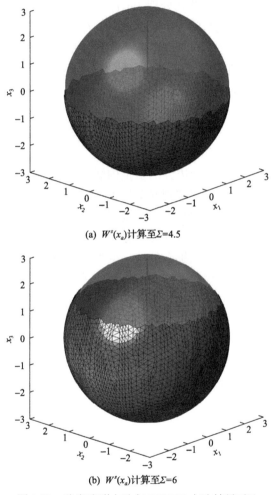

(a) $W^s(x_a)$ 计算至 $\Sigma=4.5$

(b) $W^s(x_a)$ 计算至 $\Sigma=6$

图 3.18　稳定流形方法与 HJ PDE 方法结果对比

作为一种显式方法，二维稳定流形的自适应推进算法（简称稳定流行方法）直接以非结构网格的形式给出了稳定域边界上的点，精度较高。但计算稳定流形需要充分分析系统平衡点的特征，因此对系统模型的精度有较高的要求。目前，在线自动地分析系统平衡点的特征是困难的。因此，稳定流形方法更适合用于飞机的设计阶段。例如，用于优化飞行控制律的参数，系统既具有满意的动态特性，又具有足够的稳定域。

本章所提的 HJ PDE 方法以黏性解函数的方式给出系统稳定域的估计，所有信息都包含在黏性解 $\phi(x,t)$ 中。$\phi(x,t)$ 被离散为结构化网格上的点，计算机可以用高维数组的形式存储和处理 $\phi(x,t)$。因此，该方法便于数值计算和数据库存储。并且当演化时间足够长时，$\phi(x,t)$ 所估计的稳定域的精度是有保证的。该方法的不足之处在于高精度的稳定域估计需要耗费较多的计算时间。因此本书第 7 章拟采用离线计算的方式获得不同结冰条件下的 HJ PDE 黏性解，然后存储在数据库中供在线使用。

3.4 本章小结

本章讨论了结冰飞机安全边界的多重内涵，重点研究了基于安全集确定安全边界的方法，讨论了稳定域和安全集各自适合的飞行阶段以及所关注的风险隐患。可达集分析是一种直接的系统安全性分析与验证方法，其中的安全集是与飞行安全有直接联系的重要概念。本章还介绍了基于 HJ PDE 的稳定域估计算法计算各种可达性集合的统一框架，重点阐述了安全集的计算和涉及的解函数、哈密顿项等与系统安全密切相关的重要函数，并以一个简单的二维系统为例，对相关函数的含义进行了深入讨论。

此外，本章推导了非线性自治系统的可达集和稳定域之间的关系，并据此设计了一种估计稳定域的隐式算法。该算法使用 HJ PDE 的黏性解来表示和迭代稳定域的估计。通过调整网格单元的尺寸，稳定域可以被估计至任意期望的精度。基于 HJ PDE 产生的稳定域的估计值始终包含在真实稳定域的内部，每次迭代会产生一个更大的稳定域估计，且随着演化时间的增加，估计值逐渐趋近于真实的稳定域。其主要不足之处在于需要消耗较多计算时间，且随着系统维数的增加，计算成本将呈指数式增长。通过对比本章所提的稳定域估计的显式方法和隐式方法，分析了两类算法各自的优势和适用情景。

本章关于非线性动力学系统可达集的研究为后续章节中研究结冰条件下的飞行安全性提供理论基础。

第4章　结冰飞机的非线性动力学建模

飞机结冰的情形复杂多样，结冰对飞机性能的影响也是多方面的，而飞行试验或风洞试验所能覆盖的结冰情形是有限的，且试验成本高昂，因此利用数值仿真的手段研究结冰对飞行安全的危害就显得尤为必要。建立结冰飞机的非线性动力学模型是利用数值手段研究结冰影响及危害的基础。结冰飞机建模的关键是估计结冰对飞机气动性能的影响。对于特定型号的飞机，可以先利用风洞试验得到飞机在各种典型结冰条件下的气动数据，然后利用拟合或插值等方法获取所需结冰条件下的气动数据。但该方法工作量巨大、成本较高，且结果不便于迁移到新型的飞机。为此，需要建立一个较为通用的结冰影响估算模型，该模型应能合理地反映出飞机在结冰条件下气动和控制特性的改变趋势，并通过一些参数来反映特定飞机对结冰的敏感性，而这些参数又可以通过风洞试验获得。

在飞行试验、风洞试验和数值仿真的基础上，人们对结冰影响飞机气动特性的基本趋势已有所认识，并针对线性气动模型提出了一些估算方法。但在结冰条件下，飞机的气动特性发生了变化，尤其是失速迎角的减小使得气动的非线性变得显著。因此，建立结冰飞机的非线性模型时，还必须关注大迎角区域飞机气动系数的变化特点。另外，在飞行实践中，结冰条件是不断变化的，且结冰信息难以准确获得，因此结冰程度的探测结果往往具有不确定性。此外，结冰对飞机气动特性的影响较为复杂，结冰飞机模型中存在不确定性。由此可见，应该在结冰飞机中引入不确定性变量。

本章首先介绍飞行动力学基本方程，对飞机的气动力、力矩模型及其数值实现进行说明。在现有结冰影响估算模型的基础上，对大迎角段的气动特性进行修正。在此基础上构建结冰飞机的数值模型，对结冰飞机的动力学特性进行仿真分析。针对结冰飞机中存在的时变性和不确定性等问题，本章提出一种结冰飞机的不确定性非线性模型，该模型可用于对结冰飞机进行安全集分析。

4.1 飞机本体运动方程

4.1.1 参考系

在讨论飞机的运动方程之前，需要指出本书所使用的一些参考系，这些参考系均为右手直角坐标系，如图 4.1 所示。机体固联坐标系 $Ox_by_bz_b$ 的原点位于飞机的重心位置。机体坐标系的 Ox_b 轴位于飞机对称面内，经由机头指向前，Oy_b 轴指向右机翼，Oz_b 轴指向下。地面固联坐标系 $Ox_ey_ez_e$ 的 Ox_e 轴位于地平面内，Oz_e 轴铅垂向下，Oy_e 轴垂直于 x_eOz_e 面。

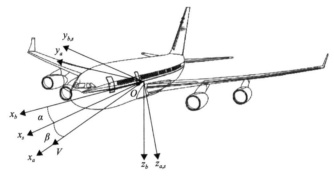

图 4.1　飞机参考坐标系

常用的参考系还有速度坐标系、稳定坐标系和航迹坐标系。速度坐标系 $Ox_ay_az_a$（又称气流坐标系或风轴系）原点位于飞机重心，Ox_a 轴指向飞机空速方向，Oz_a 轴位于飞机对称面内指向下，且垂直于 Ox_a 轴，Oy_a 轴垂直于 x_aOz_a 面。稳定坐标系 $Ox_sy_sz_s$ 原点位于飞机重心，Ox_s 轴为飞机空速在飞机对称面内的投影，Oz_s 轴位于飞机对称面指向下，Oy_s 轴垂直于 x_sOz_s 面。航迹坐标系 $Ox_ky_kz_k$ 原点位于飞机重心，Ox_k 轴指向飞机地速方向，Oz_k 轴位于铅垂面内指向下，Oy_k 轴垂直于 x_kOz_k 面。

4.1.2 刚体飞机基本运动方程

本书对地球和飞机有如下假设[248]：

对于地球，忽略地球自转和公转，忽略地球曲率，地面固联坐标系为惯性系。

对于飞机，假设其为刚体，质量为常量，机体质量相对于 x_bOz_b 面对称分布，忽略发动机转子的陀螺效应。

　　基于上述假设，刚体飞机的运动有六个自由度，即三维平移和三维转动。飞机的动力学规律可以用其位移、姿态、速度和角速度来描述。飞机质心相对于地面固联坐标系的位移矢量记为 $P_e = [x_e, y_e, z_e]^T$。飞机质心相对于地面的速度矢量通常用其在机体坐标系中的分量表示，记为 $V_b = [u, v, w]^T$。飞机相对于地面固联坐标系的姿态记为 $\Phi = [\phi, \theta, \psi]^T$，其中，$\phi$ 为滚转角，θ 为俯仰角，ψ 为偏航角。飞机绕机体轴旋转的角速度记为 $\Omega_b = [p, q, r]^T$。

　　由理论力学知识，飞行器的质心动力学方程可由动坐标系下的动量定理描述，即

$$F = \frac{\mathrm{d}}{\mathrm{d}t}(mV_b) + \Omega_b \times mV_b \tag{4.1}$$

其中，F 为作用于飞行器的合外力向量，$F = F_x i + F_y j + F_z k$；$m$ 为飞行器质量；Ω_b 为动坐标系（机体坐标系）相对于惯性坐标系的总角速度向量，$\Omega_b = pi + qj + rk$，p、q、r 为机体相对惯性系的角速度；V_b 为动坐标系（机体坐标系）相对于惯性坐标系的速度向量，$V_b = ui + vj + wk$，u、v、w 为机体相对惯性系的线速度。向量积 $\Omega_b \times V_b$ 如式（4.2）所示：

$$\Omega_b \times V_b = \begin{vmatrix} i & j & k \\ p & q & r \\ u & v & w \end{vmatrix} = (wq - vr)i + (ur - wp)j + (vp - uq)k \tag{4.2}$$

于是有飞机机体坐标系下的质心动力学方程：

$$\dot{V}_b = F / m - \Omega_b \times V_b \tag{4.3}$$

其分量形式为

$$\begin{cases} \dot{u} = F_x / m - wq + vr \\ \dot{v} = F_y / m - ur + wp \\ \dot{w} = F_z / m - vp + uq \end{cases} \tag{4.4}$$

　　合外力 F 主要是空气动力、重力和发动机推力的合力。空气动力与飞机的构型和飞行状态有关。发动机推力与飞行状态和发动机安装角度有关。重力 W 在机体坐标系中的分量为

$$\begin{cases} W_x = -mg\sin\theta \\ W_y = mg\sin\phi\cos\theta \\ W_z = mg\cos\phi\cos\theta \end{cases} \tag{4.5}$$

速度坐标系和稳定坐标系更便于飞行控制系统设计及飞行稳定性和安全性分析，而且速度坐标系转动 β 角后即可变换到稳定坐标系，因此常将飞行动力学方程表达在速度坐标系。存在式(4.6)和式(4.7)的转换关系：

$$\begin{cases} V_T = \sqrt{u^2 + v^2 + w^2} \\ \alpha = \arctan(w/u) \\ \beta = \arcsin(v/V_T) \end{cases} \tag{4.6}$$

$$\begin{cases} u = V_T\cos\alpha\cos\beta \\ v = V_T\sin\beta \\ w = V_T\sin\alpha\sin\beta \end{cases} \tag{4.7}$$

其中，V_T 为飞行速度；α 为迎角；β 为侧滑角。对式(4.6)两侧求导，可得

$$\begin{cases} \dot{V}_T = (u\dot{u} + v\dot{v} + w\dot{w})/V_T \\ \dot{\alpha} = (u\dot{w} - w\dot{u})/(u^2 + w^2) \\ \dot{\beta} = (\dot{v}V_T - vV_T)/(V_T^2\cos\beta) \end{cases} \tag{4.8}$$

将式(4.4)和式(4.7)代入式(4.8)，可得速度坐标系下的动力学方程：

$$\begin{cases} \dot{V}_T = (F_x\cos\alpha\cos\beta + F_y\sin\beta + F_z\sin\alpha\cos\beta)/m \\ \dot{\alpha} = q - (p\cos\alpha + r\sin\alpha)\tan\beta - (F_x\sin\alpha - F_z\cos\alpha)/(mV_T\cos\beta) \\ \dot{\beta} = p\sin\alpha - r\cos\alpha + (-F_x\cos\alpha\sin\beta + F_y\cos\beta - F_z\sin\alpha\sin\beta)/(mV_T) \end{cases} \tag{4.9}$$

飞行器绕质心的转动可由动坐标系下的动量矩定理描述，即

$$M = \frac{dH}{dt} + \Omega_b \times H \tag{4.10}$$

其中，M 为作用于机体坐标系原点上的合外力矩，$M = Li + Mj + Nk$；H 为飞机对坐标系原点的动量矩，$H = H_xi + H_yj + H_zk$，且

$$H = I\Omega_b \tag{4.11}$$

其中，惯性矩阵 I 为

$$I = \begin{bmatrix} I_x & 0 & -I_{xz} \\ 0 & I_y & 0 \\ -I_{xz} & 0 & I_z \end{bmatrix} \tag{4.12}$$

其中，I_x、I_y、I_z 分别为飞机对机体 x_b 轴、y_b 轴和 z_b 轴的惯性矩；I_{xz} 为飞机对 x_b 轴与 y_b 轴的惯性积。

于是有飞机在机体坐标系下的角速度动力学方程：

$$\dot{\Omega}_b = I^{-1}(M - \Omega_b \times I\Omega_b) \tag{4.13}$$

展开可得分量形式：

$$\begin{cases} \dot{p} = (c_1 r + c_2 p)q + c_3 L + c_4 N \\ \dot{q} = c_5 pr - c_6(p^2 - r^2) + c_7 M \\ \dot{r} = (c_8 p - c_2 r)q + c_4 L + c_9 N \end{cases} \tag{4.14}$$

其中的常数为[249]

$$\begin{array}{lll} \Gamma c_1 = (I_y - I_z)I_z - I_{xz}^2, & \Gamma c_4 = I_{xz}, & c_7 = 1/I_y, \\ \Gamma c_2 = (I_x - I_y + I_z)I_{xz}, & c_5 = (I_z - I_x)/I_y, & \Gamma c_8 = I_x(I_x - I_y) + I_{xz}^2, \\ \Gamma c_3 = I_z, & c_6 = I_{xz}/I_y, & \Gamma c_9 = I_x \end{array}$$

其中，$\Gamma = I_x I_z - I_{xz}^2$。

飞机转动的运动学方程为

$$\begin{cases} \dot{\phi} = p + \tan\theta(q\sin\phi + r\cos\phi) \\ \dot{\theta} = q\cos\phi - r\sin\phi \\ \dot{\psi} = \dfrac{q\sin\phi + r\cos\phi}{\cos\theta} \end{cases} \tag{4.15}$$

其中，ϕ 为滚转角；θ 为俯仰角；ψ 为偏航角。

飞机位移的运动学方程为

$$\begin{cases} \dot{x}_e = u\cos\psi\cos\theta + v(\cos\psi\sin\theta\sin\phi - \sin\psi\cos\phi) \\ \qquad + w(\cos\psi\sin\theta\cos\phi + \sin\psi\sin\phi) \\ \dot{y}_e = u\sin\psi\cos\theta + v(\sin\psi\sin\theta\sin\phi + \cos\psi\cos\phi) \\ \qquad + w(\sin\psi\sin\theta\cos\phi - \cos\psi\sin\phi) \\ \dot{z}_e = -u\sin\theta + v\cos\theta\sin\phi + w\cos\theta\cos\phi \end{cases} \tag{4.16}$$

综上，刚体飞机的动力学模型可以由一组常微分方程描述：

$$\dot{x} = f(x,u) \tag{4.17}$$

其中，x 为飞行状态变量，包括飞行速度 V_T、迎角 α、侧滑角 β、姿态角（$[\phi,\theta,\psi]$）、转动角速率（$[p,q,r]$）和质心位移（$[x_e,y_e,z_e]$）等；u 为控制变量，包括油门杆位移 δ_{th}、升降舵偏角 δ_e、副翼偏角 δ_a 和方向舵偏角 δ_r 等。

4.2　飞机气动力及力矩

通常，飞机的气动力及力矩是飞行状态参数和操作参数的复杂函数。在机体坐标系下，气动力可以表达为如下形式：

$$\begin{cases} \overline{X} = \overline{q}SC_{X_T}(\alpha,\beta,p,q,r,\delta,\cdots) \\ \overline{Y} = \overline{q}SC_{Y_T}(\alpha,\beta,p,q,r,\delta,\cdots) \\ \overline{Z} = \overline{q}SC_{Z_T}(\alpha,\beta,p,q,r,\delta,\cdots) \end{cases} \tag{4.18}$$

其中，$\overline{q} = \rho V_T^2/2$ 为动压；S 为机翼面积；δ 为控制面的偏角；总气动力系数 C_{X_T}、C_{Y_T} 和 C_{Z_T} 通常由风洞试验和飞行试验获得，一般以查找表的形式给出。

类似地，气动力矩在机体坐标系中可以表达成：

$$\begin{cases} \overline{L} = \overline{q}SbC_{l_T}(\alpha,\beta,p,q,r,\delta,\cdots) \\ \overline{M} = \overline{q}S\overline{c}C_{m_T}(\alpha,\beta,p,q,r,\delta,\cdots) \\ \overline{N} = \overline{q}SbC_{n_T}(\alpha,\beta,p,q,r,\delta,\cdots) \end{cases} \tag{4.19}$$

其中，b 为翼展长度；$\overline{c}$ 为平均气动弦长；C_{l_T} 为总滚转力矩系数；C_{m_T} 为总俯仰力矩系数；C_{n_T} 为总偏航力矩系数。

有时在气流坐标系中讨论问题更加方便，气流坐标系中的升力 L、阻力 D

及侧力 Y 可由气动力在机体坐标系中的分量和气流角(迎角 α 和侧滑角 β)获得

$$\begin{cases} L = \bar{X}\sin\alpha - \bar{Z}\cos\alpha \\ D = -\bar{X}\cos\alpha\cos\beta - \bar{Y}\sin\beta - \bar{Z}\sin\alpha\cos\beta \\ Y = -\bar{X}\cos\alpha\sin\beta + \bar{Y}\cos\beta - \bar{Z}\sin\alpha\sin\beta \end{cases} \quad (4.20)$$

4.2.1 线性气动系数模型

通常情况下，在分析飞机飞行性能、稳定性和设计飞行控制律时，会对飞机模型进行小扰动线性化，并认为飞机的气动力及力矩系数是飞行状态参数的线性函数。这种方法在飞机达到失速迎角前的很大范围内都是适用的。不考虑襟翼和扰流板等的作用，气动系数通常可以表示为

$$\begin{cases} C_{X_T} = C_{X_0} + C_{X_\alpha}\alpha + C_{X_q}q\dfrac{\bar{c}}{2V_T} + C_{X_{\delta_e}}\delta_e \\[2mm] C_{Y_T} = C_{Y_0} + C_{Y_\beta}\beta + C_{Y_p}p\dfrac{b}{2V_T} + C_{Y_r}r\dfrac{b}{2V_T} + C_{Y_{\delta_a}}\delta_a + C_{Y_{\delta_r}}\delta_r \\[2mm] C_{Z_T} = C_{Z_0} + C_{Z_\alpha}\alpha + C_{Z_q}q\dfrac{\bar{c}}{2V_T} + C_{Z_{\delta_e}}\delta_e \\[2mm] C_{l_T} = C_{l_0} + C_{l_\beta}\beta + C_{l_p}p\dfrac{b}{2V_T} + C_{l_r}r\dfrac{b}{2V_T} + C_{l_{\delta_a}}\delta_a + C_{l_{\delta_r}}\delta_r \\[2mm] C_{m_T} = C_{m_0} + C_{m_\alpha}\alpha + C_{m_q}q\dfrac{\bar{c}}{2V_T} + C_{m_{\delta_e}}\delta_e \\[2mm] C_{n_T} = C_{n_0} + C_{n_\beta}\beta + C_{n_p}p\dfrac{b}{2V_T} + C_{n_r}r\dfrac{b}{2V_T} + C_{n_{\delta_a}}\delta_a + C_{n_{\delta_r}}\delta_r \end{cases} \quad (4.21)$$

可见，在线性气动力及力矩模型中，纵向的气动系数只与纵向的参数有关，横航向的气动系数只与横航向参数有关，且气动系数都有较为明确的物理含义。以纵向为例，气动系数对迎角 α 的导数与纵向的稳定性密切相关，气动系数对俯仰速率 q 的导数则表征了纵向的阻尼特性，气动系数对升降舵偏角 δ_e 的导数则反映了纵向的操纵/控制特性。

基于本书研究需要，采用了如图 4.2 所示的"背景飞机"模型，其基本几何参数与空客 A320、波音 737、商飞 C919 等同一量级的客机相近，具备大型客机的基本空气动力学和飞行力学特征。

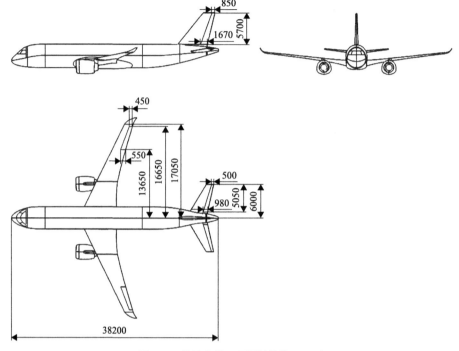

图 4.2　背景飞机三面图(单位：mm)

背景飞机的基本特征参数如表 4.1 所示。

表 4.1　背景飞机特征参数

参数名称	数值
机翼面积	124.00m^2
重心距机头距离	17.17m
平均空气动力弦长	4.15m
翼展	34.10m
垂尾展长	6.00m
垂尾面积	22.42m^2
方向舵面积	7.18m^2
平尾展长	12.00m
平尾面积	30.50m^2
升降舵面积	3.74m^2

参数名称	数值
副翼展长	3.00m
副翼面积	1.50m²
最大起飞重量	72000kg
纵向惯性积 I_{xx}	1658755kg·m²
侧向惯性积 I_{yy}	2392630kg·m²
法向惯性积 I_{zz}	3846326kg·m²

对背景飞机各静态参数进行线性化处理后，其气动系数可以表示为[250]

$$
\begin{cases}
C_{L_T} = C_{L_\alpha}(\alpha - \alpha_0) + C_{L_{\delta_e}}\delta_e \\
C_{D_T} = C_{D_{\min}} + A[C_{L_\alpha}(\alpha - \alpha_0) - C_{L_{D_M}}]^2 \\
C_{Y_T} = C_{Y_\beta}\beta + C_{Y_{\delta_r}}\delta_r \\
C_{l_T} = C_{l_\beta}\beta + C_{l_{\delta_r}}\delta_r + C_{l_{\delta_a}}\delta_a + C_{l_p}p\dfrac{b}{2V} + C_{l_r}r\dfrac{b}{2V} \\
C_{m_T} = C_{m_0} + C_{m_{C_L}}C_{L_\alpha}(\alpha - \alpha_0) + C_{m_{\delta_e}}\delta_e + C_{m_q}q\dfrac{\overline{c}}{2V} + C_{m_{\dot{\alpha}}}\dot{\alpha}\dfrac{\overline{c}}{2V} \\
C_{n_T} = C_{n_\beta}\beta + C_{n_{\delta_r}}\delta_r + C_{n_{\delta_a}}\delta_a + C_{n_p}p\dfrac{b}{2V} + C_{n_r}r\dfrac{b}{2V}
\end{cases}
\tag{4.22}
$$

其中，C_{L_T} 为总升力系数；C_{D_T} 为总阻力系数；C_{Y_T} 为总侧力系数；C_{l_T} 为总滚转力矩系数；C_{m_T} 为总俯仰力矩系数；C_{n_T} 为总偏航力矩系数；A 为诱导阻力因子；$C_{D_{\min}}$ 为最小阻力系数；$C_{L_{D_M}}$ 为最小阻力状态下的升力系数。

4.2.2　非线性气动系数模型

在气流角较大，甚至接近失速时，气动系数的非线性就不容忽视了。结冰改变了飞机翼面和控制面的外形，使得翼面流场分离提前，失速迎角提前。若仍采用线性化的模型进行分析计算，会存在较大的误差，甚至导致错误的结论。因此，在结冰条件下，应采用非线性模型来描述飞机的气动力和力矩，基于飞机的非线性动力学模型进行分析研究。

实际飞机的气动数据通常由多个查找表给出，这些表格将总气动力、力矩系数分解成多个部分。如 NASA GTM 飞机，该飞机是 NASA 构建的用于研究飞机失控的通用运输机模型[251,252]，其外形如图 4.3 所示。

图 4.3　NASA GTM 飞机[252]

忽略扰流板和起落架等的影响，GTM 飞机的气动系数分解成式(4.23)的
形式：

$$
\begin{aligned}
C_{X_T} &= C_X(\alpha,\beta) + C_{X_q}(\alpha,\hat{q}) + C_{X_{\delta_e}}(\alpha,\beta,\delta_{\text{stab}},\delta_e) \\
&\quad + C_{X_{\delta_a}}(\alpha,\beta,\delta_a) + C_{X_{\delta_r}}(\alpha,\beta,\delta_r) + C_{X_{\delta_{\text{flap}}}}\delta_{\text{flap}} \\
C_{Y_T} &= C_Y(\alpha,\beta) + C_{Y_p}(\alpha,\hat{p}) + C_{Y_r}(\alpha,\hat{r}) + C_{Y_{\delta_a}}(\alpha,\beta,\delta_a) \\
&\quad + C_{Y_{\delta_r}}(\alpha,\beta,\delta_r) + C_{Y_{\delta_{\text{flap}}}}\delta_{\text{flap}} \\
C_{Z_T} &= C_Z(\alpha,\beta) + C_{Z_q}(\alpha,\hat{q}) + C_{Z_{\delta_e}}(\alpha,\beta,\delta_{\text{stab}},\delta_e) \\
&\quad + C_{Z_{\delta_a}}(\alpha,\beta,\delta_a) + C_{Z_{\delta_r}}(\alpha,\beta,\delta_r) + C_{Z_{\delta_{\text{flap}}}}\delta_{\text{flap}} \\
C_{l_T} &= C_l(\alpha,\beta) + C_{l_p}(\alpha,\hat{p}) + C_{l_r}(\alpha,\hat{r}) + C_{l_{\delta_a}}(\alpha,\beta,\delta_a) \\
&\quad + C_{l_{\delta_r}}(\alpha,\beta,\delta_r) + C_{l_{\delta_{\text{flap}}}}\delta_{\text{flap}} \\
C_{m_T} &= C_m(\alpha,\beta) + C_{m_q}(\alpha,\hat{q}) + C_{m_{\delta_e}}(\alpha,\beta,\delta_{\text{stab}},\delta_e) \\
&\quad + C_{m_{\delta_a}}(\alpha,\beta,\delta_a) + C_{m_{\delta_r}}(\alpha,\beta,\delta_r) + C_{m_{\delta_{\text{flap}}}}\delta_{\text{flap}} \\
C_{n_T} &= C_n(\alpha,\beta) + C_{n_p}(\alpha,\hat{p}) + C_{n_r}(\alpha,\hat{r}) + C_{n_{\delta_a}}(\alpha,\beta,\delta_a) \\
&\quad + C_{n_{\delta_r}}(\alpha,\beta,\delta_r) + C_{n_{\delta_{\text{flap}}}}\delta_{\text{flap}}
\end{aligned}
\tag{4.23}
$$

其中，$\hat{p}$、$\hat{q}$、$\hat{r}$ 为无因次的滚转角速度、俯仰角速度和偏航角速度；δ_{stab} 为

安定面的偏转角度；δ_{flap} 为襟翼的偏转角度；$C_X(\alpha,\beta)$、$C_{X_q}(\alpha,\hat{q})$、$C_{X_{\delta_e}}(\alpha,\beta,\delta_{\text{stab}},\delta_e)$ 可以通过相应的查找表得到，其他参数类似，具体含义见 NASA 的 GTM DesignSim 仿真程序包[253]。

在进行仿真计算时，通常有两种方法处理非线性的气动系数。一种方法是查表插值法，即通过对飞机的气动数据表进行插值计算所需气动系数。插值法的优点是气动系数与风洞等试验数据最为接近，在气动数据表范围内仿真计算的准确性较高。不足之处在于当数据表较大时要占用较多的存储空间。另一种方法是拟合法，即先对飞机的气动数据表进行拟合，通常用多项式拟合，然后利用拟合表达式计算气动系数。拟合法的优点是飞机的模型有具体的表达式，可以做一些基于解析表达式的分析。其不足之处是，若拟合精度要求较高，则拟合表达式将较为复杂。

4.3 结冰对飞机气动特性的影响

结冰改变了飞机的气动外形，因此会影响飞机的气动力与力矩等特性。理解和刻画结冰对飞机气动特性的影响是研究结冰飞机飞行安全的基础。结冰对飞机气动的影响也是早期飞机结冰研究的主要问题。研究中获取结冰飞机气动数据的方法主要有以下几种。

(1)自然结冰条件下的飞行试验[78,79,254]或带人工模拟冰形飞行试验[109]。

(2)冰风洞试验[255]或人工模拟冰形风洞试验[44,45]。

(3)CFD 流场仿真[256]。

(4)结冰影响估算模型[70,257]。

飞行试验和风洞试验等试验手段获取的数据最为准确，且为结冰研究积累了大量的试验数据。但飞行试验和风洞试验周期较长，成本较高。随着数值计算技术的发展，CFD 等数值仿真方法正成为重要的辅助手段。可以借助计算机对冰形的生长过程和流场进行详细的仿真。此外，还可以利用适当的模型估算结冰对飞机气动的影响。该方法由于具有极高的计算经济性，非常适合用于结冰飞机的安全预警和边界保护等在线需求。

4.3.1 结冰影响估算模型

结冰的影响主要源于其改变了机翼等气动面的外形。气动面结冰后，表面流场发生改变，这首先将影响飞机的气动特性。相关的风洞试验表明，结冰对飞机气动特性的影响规律较为复杂，对于不同机型、不同结冰条件的影响差异显著。另外，结冰条件下，飞机的气动性能普遍出现恶化，且有着共同的规律，如阻力增大、升力减小、失速迎角提前等。

　　结冰条件下的风洞试验需要消耗大量的时间和资源，因此迫切需要建立结冰对气动影响的估算模型，以用于数值研究。目前已有众多探索性工作[70,177,258,259]，其中使用较多的结冰影响估算模型是由 Bragg 等在智能结冰系统项目中提出的[70,155,192]，该模型表示为

$$C_{(A)\text{iced}} = (1 + \eta_{\text{ice}} k'_{C_{(A)}}) C_{(A)} \tag{4.24}$$

其中，$C_{(A)}$ 为任意受结冰影响的气动系数、稳定性导数或控制导数；$C_{(A)\text{iced}}$ 为相应的结冰条件下的值；η_{ice} 为结冰严重程度因子；$k'_{C_{(A)}}$ 为结冰影响系数。

　　飞机不同以及同一机型飞机的飞行状态不同，飞机结冰的影响程度都会存在差异。将 $k'_{C_{(A)}}$ 重新定义为

$$k'_{C_{(A)}} = \frac{\eta}{\eta_{\text{ice}}} k_{C_{(A)}} \tag{4.25}$$

其中，结冰严重程度因子 η 的计算与 η_{ice} 类似，但计算过程中使用的是所研究飞机的翼型参数和飞行状态；$k_{C_{(A)}}$ 与飞机的外形等结构参数有关，反映结冰对特定气动特性的影响。该参数通常需要根据风洞试验数据进行估算。对于具体飞机，$k_{C_{(A)}}$ 为常值，该参数反映了气动参数 $C_{(A)}$ 对结冰条件的敏感性。相关参数的估算方法详见文献[70]。

　　于是，对于实际研究的飞机和飞行状态，结冰对气动的影响可估算为

$$C_{(A)\text{iced}} = (1 + \eta k_{C_{(A)}}) C_{(A)} \tag{4.26}$$

4.3.2　大迎角区域结冰影响估算模型的修正

　　Bragg 模型简洁明了，在气动数据的线性段，其能够合理地模拟出飞机在结冰条件下气动和控制特性改变的趋势。但在大迎角等气动非线性段，结冰对气动的影响与线性段有所不同。图 4.4 为 NACA 23012 翼型在不同冰形下的气动数据[69]。图 4.5 是 NACA 0012 翼型模拟不同结冰程度下得到的升力系数曲线，反映了不同结冰程度对升力系数的影响[260]。

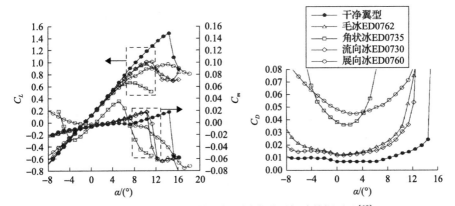

图 4.4　NACA 23012 翼型在不同冰形下气动数据对比[69]

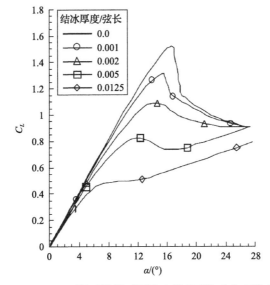

图 4.5　NACA 0012 翼型模拟不同结冰程度下的升力系数曲线[260]

　　由图 4.4 和图 4.5 可见,整体趋势上,结冰使得飞机阻力系数增大,升力系数及升力曲线斜率均减小,失速迎角减小。在接近失速的区域,结冰对飞机气动的影响非常复杂,不能简单地使用式(4.26)描述,需要对该模型进行修正。结冰条件下,飞机在大迎角区域内气动特性的变化规律显示,在大迎角区域的 $k_{C_{(A)}}$ 值随迎角变化而改变[44]。通常是根据风洞等试验数据呈现出的规律进行修正[261]。此外,结冰通常会使飞机失速迎角减小。因此,在修正 Bragg 模型时,还应考虑失速迎角的变化。Bragg 等[180,181]基于风洞试验数据,根据结冰条件下最大升力系数与特定迎角处升力系数降低量之间的关系，给出了估算结冰飞机失速迎角的方法，并将之用于飞行包线保护。

由图 4.5 中的风洞数据可以清晰地看到，对于结冰飞机，在达到失速迎角之前，其升力系数相对于干净飞机的变化基本是线性的，线性段可以直接用 Bragg 模型描述。而在失速区，结冰飞机升力系数逐渐趋近于干净飞机的升力系数曲线。当迎角继续增大时，由于气流早已分离，此时结冰的影响成为次要因素，结冰飞机的升力系数基本与干净飞机一致。基于此，本书按如下原则对 $k_{C_{(A)}}$ 进行修正。

(1)当迎角小于结冰后的失速迎角时，$k_{C_{(A)}}$ 保持为常值，不进行修正。

(2)当迎角大于结冰后的失速迎角且小于某一特定值时，随迎角调整 $k_{C_{(A)}}$ 的值，使结冰飞机气动系数曲线逐渐趋近于干净飞机的气动系数曲线。

(3)迎角继续增大，$k_{C_{(A)}}$ 保持为零。

4.3.3 结冰飞机的动力学仿真

结冰对飞机气动特性影响的最直接结果就是改变了飞机的动力学特性。本节将利用修正后的结冰影响估算模型，对背景飞机在结冰条件下的动力学特性进行仿真。设置飞行高度 $H = 4000\,\mathrm{m}$、速度 $V = 150\,\mathrm{m/s}$。令结冰严重程度因子 η 分别取 0、0.1、0.2、0.3、0.4、0.5、0.6，对不同结冰严重程度的飞机配平，得配平特性如图 4.6 所示。

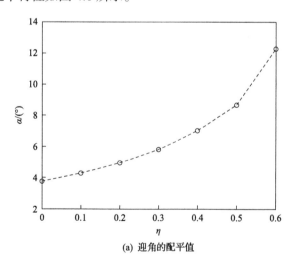

(a) 迎角的配平值

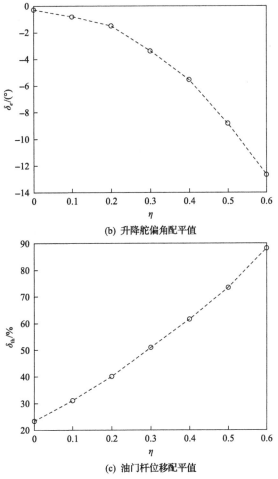

(b) 升降舵偏角配平值

(c) 油门杆位移配平值

图 4.6　不同结冰严重程度下飞机的配平特性

　　由图 4.6 的结果可知，在结冰条件下，飞机的配平迎角大于未结冰状态，且随着结冰严重程度的增加，配平迎角逐渐增大。这主要是由于结冰使得飞机升力系数减小，为维持平衡，需要增大迎角以弥补升力损失。迎角的增加需要更大的升降舵偏角来维持俯仰平衡，加之结冰使升降舵效率降低，因此结冰下的配平升降舵偏角也比干净情形要大。结冰还会使飞机的阻力系数明显增大，因此需要发动机提供更多的推力，故而油门杆位移配平值也随结冰严重程度的增加而增大。

　　结冰会使飞机的动态响应特性发生变化，这将对驾驶员操纵飞机产生影响。为对比干净飞机和结冰飞机的动态响应特性，令结冰严重程度因子 η 取

0.3。仍旧设置飞行高度 $H = 4000\,\text{m}$ 、速度 $V=150\,\text{m/s}$ 。干净飞机的升降舵偏角配平值为 $-0.28°$ ，配平迎角为 $3.75°$ 。结冰飞机的升降舵偏角配平值为 $-3.39°$ ，配平迎角为 $5.81°$ 。分别对干净飞机和结冰飞机的升降舵施加宽度为 4s、幅值为 $3°$ 的对偶脉冲，得其各自的动态响应如图 4.7 所示。

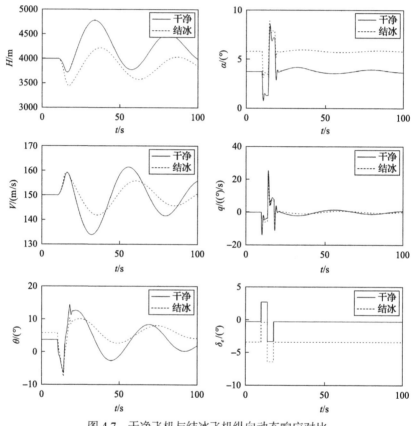

图 4.7　干净飞机与结冰飞机纵向动态响应对比

　　由图 4.7 可知，结冰后飞机保持平飞的迎角大于干净飞机，这主要是由结冰使飞机的升力系数减小造成的。在升降舵脉冲的作用下，结冰飞机和干净飞机的飞行状态都发生了典型的动态振荡过程。其中结冰飞机飞行状态量的振荡幅度小于干净飞机，这与结冰造成升降舵效率下降有关。

4.3.4　结冰飞机的不确定性非线性模型

　　目前，在基于 Bragg 模型的诸多研究中，都是将结冰严重程度因子 η 作为一个确定的量[57,257,259,262,263]，所建立的结冰飞机模型也是确定性的，不含不确定性的变量。前文所提的修正模型也是如此，即对于一定的结冰条件，η 为固定值，对于不同的结冰条件只需修改 η 的值。这种确定性的模型便于对结冰飞机进行动力学仿真以及分析结冰飞机的操纵性和稳定性。但由于以下原因，仅使用确定性的模型描述结冰飞机是不充分的。

(1)结冰是一个动态发展的过程[264]，随着飞机空间位置的变化结冰气象条件持续变化[79]。此外，防/除冰系统间歇性工作，当其工作时结冰程度将减小，其不工作时结冰程度将增大[47]。因此，结冰条件具有一定的时变性。

(2)结冰信息难以准确探测和量化，实际中得到的结冰程度探测结果往往具有不确定性。

(3)结冰对飞机气动特性的影响规律复杂，结冰影响估算模型只能对结冰飞机气动特性变化规律的大致趋势进行建模，因此模型中存在不确定性。

为了体现出结冰飞机中的上述时变性、不确定性问题，本书考虑将结冰影响估算模型中的结冰严重程度因子 η 作为不确定性变量。将 Bragg 模型写成式(4.27)的形式：

$$C_{(A)\mathrm{iced}} = C_{(A)} + C_{(A)}\eta k_{C_{(A)}} \tag{4.27}$$

为了与 Bragg 模型进行区分，将 η 替换为 d，以强调其为不确定性变量，并将 $C_{(A)}k_{C_{(A)}}$ 记为 $C_{(A)_d}$，于是有结冰影响的不确定性模型：

$$C_{(A)\mathrm{iced}} = C_{(A)} + C_{(A)_d}d \tag{4.28}$$

其中，d 为结冰程度不确定性变量，其具体值不确定，但具有一定的范围 $d \in D' \subset [0,1]$，d 取值范围的不同表示不同的结冰程度；$C_{(A)_d}$ 为结冰影响系数，可以参照 4.3.2 节中的方法对其在大迎角区域进行修正。

式(4.28)中的结冰影响不确定性模型与 Bragg 模型的不同之处在于,结冰程度是由 d 的取值范围 D' 表示的。在实际使用中，D' 来自结冰探测模块给出的结冰程度置信区间。D' 的不同代表了结冰程度的不同，例如，$D'=[0.1,0.2]$ 表示轻度结冰，而 $D'=[0.6,0.8]$ 表示重度结冰。在 Bragg 模型中，结冰程度直接由 η 表示，如 $\eta=0.1$ 表示轻度结冰，而 $\eta=0.7$ 表示重度结冰。

基于结冰影响不确定性模型，可以将结冰飞机表达成如下不确定性非线性的模型：

$$\dot{x} = f(x,u,d) \tag{4.29}$$

其中，x 为飞行状态向量；u 为操纵输入向量；d 为结冰程度不确定性变量。

结冰程度不确定性变量 d 能在一定程度上反映出结冰飞机中存在的时变

性和不确定性等问题，因此本书后续章节将该模型用于对结冰飞机安全集计算分析。另外，为便于动力学仿真，修正后的结冰影响估算模型(确定性的模型)被用于结冰飞机的动力学仿真分析和稳定域计算分析。

本书中结冰飞机模型的误差来源有两个方面：一是飞机气动系数中忽略的耦合交叉项；二是结冰影响估算模型带来的误差。气动系数中忽略的耦合交叉项通常很小，对飞行动力学行为的影响可以忽略。而结冰对飞机气动系数的影响具有时变性和不确定性，并且难以准确测量。因此，结冰影响估算模型的绝对精度可能比较低，但其意义在于其能够合理地模拟出飞机在结冰条件下性能与控制特性改变的一些重要趋势，如失速迎角的减小、最大升力系数的减小等。这些重要趋势最终将体现在结冰对飞机安全边界的影响上。正是考虑到结冰影响难以准确描述，本书建立了结冰飞机的不确定性模型，使得分析结果能反映出一定范围内的结冰条件对飞机安全边界的影响趋势。

4.4　本 章 小 结

本章研究了飞机的基本运动方程、飞机的非线性气动系数模型和结冰影响估算模型，在此基础上建立了结冰飞机的非线性模型，为后续章节利用各种数值方法研究结冰的影响和防护提供模型基础，本章的主要内容如下。

(1)分析了飞机的线性气动系数模型和非线性气动系数模型，并对非线性气动系数模型的具体数值实现方法进行了说明。

(2)为利用数值方法研究飞机结冰的影响与防护，就必须构建结冰飞机的数值模型。对于已有结冰数据的飞机，可以直接利用其试验数据。而对于一般的飞机或一般的结冰条件，则需要使用结冰影响估算模型。本章基于风洞数据对大迎角区域结冰飞机气动系数的变化特点进行了分析，并针对大迎角区域，对 Bragg 模型进行了修正。基于修正后的结冰影响估算模型，本章对干净飞机与结冰飞机的配平特性和动态响应特性进行了仿真分析。仿真结果表明，结冰飞机升力系数的减小和控制面效率的降低对其配平特性和动态特性都有显著的影响。

(3)随着飞机空间位置的变化，结冰气象条件持续变化，防/除冰系统间歇性工作，因此结冰条件具有一定的时变性。此外，结冰信息难以准确探测和量化，结冰对飞机气动特性的影响规律复杂，结冰影响估算模型只能对结冰飞机气动特性变化规律的大致趋势进行建模，因此结冰飞机模型中存在不确定性。针对上述问题，本章在 Bragg 模型的基础上，将结冰程度作为不确定性变量，提出了一种结冰飞机的不确定性非线性模型。

第5章 结冰飞机纵向非线性动力学稳定域分析

5.1 引　言

结冰可能导致飞机翼面气动外形的不良改变，从而降低飞机气动性能，威胁飞行安全[265]。早期关于飞机结冰的研究主要集中在结冰对气动力和力矩的影响规律上，由风洞试验数据总结结冰对翼型气动性能影响的经验规律[266]，并建立相应的数学模型[70]。结冰对飞机操纵性和稳定性的影响直接关乎飞行安全，然而这方面的研究尚不够充分。目前的研究主要集中在对静稳定性导数和模态特征根的分析上。现有结果表明，结冰降低了飞机的稳定性和操纵性[82,141,259]。静稳定性系数和模态特征根能在一定程度上表征飞机本体的固有稳定性。然而其研究过程中把气动和方程都线性化了。

目前，基于非线性模型研究飞行稳定性的主要方法是以舵面偏角为参数的分支分析[267,268]。分支方法可以分析出确保飞行稳定的舵面偏角范围，便于从全局把握飞机本体的动力学特性，为控制律设计提供一定的指导[269]。但该方法只能定性给出不同舵偏下的飞行稳定性，无法分析具体工作点的稳定范围，不便于进一步分析结冰对飞行安全的危害。文献[155]采用相平面法研究了结冰对飞机纵向短周期稳定域的影响，但仅使用短周期方程得到的分析结果具有一定的局限性。

飞机的稳定域表征了飞机的抗扰动性。范围较大的稳定域，可有效减轻驾驶员的工作负荷，从而减小由驾驶员操作失误导致事故的概率。反之，若飞机的稳定域较小，则驾驶员不得不进行较多操作，这增加了驾驶员操作失误的风险[270,271]。当飞机状态被扰动到稳定域之外时，必须采取适当的措施以使飞机恢复平衡状态，否则飞机可能出现不可恢复的失稳，导致飞行事故。可见稳定域可作为飞机稳态飞行时的安全边界。此外稳定域还可以作为一项评价指标用于对飞行控制器参数的优化。因此，研究结冰对飞机稳定域的影响对于在结冰条件下确保飞行安全具有重要意义。

动力学系统稳定域数值估计的经典方法是基于李雅普诺夫理论，通过构造 LF 估计出一个不变集作为系统稳定域。该方法的估计精度依赖所构造的

LF，尽管有一些优化方法可扩大稳定域估计范围[272]，但所估计的稳定域仍然只是动力学系统真实稳定域的子集。非线性动力学系统稳定域拓扑结构特征表明稳定域的边界由稳定流形构成。利用稳定流形理论上可以得到稳定域的精确结果[14]。另外，根据稳定域和可达集之间的关系，稳定域还可以通过 HJ PDE 的黏性解迭代产生[201]。

本章首先建立结冰条件下飞机的纵向非线性动力学模型。然后利用稳定流形和 HJ PDE 两种方法计算飞机的纵向动力学稳定域。在此基础上，对比干净和结冰条件下飞机的稳定域，分析结冰对飞机稳定域的影响，并从气动特性变化的角度予以解释。所提方法有助于直观地理解结冰对飞行安全边界的影响，可为研究结冰条件下的边界保护策略提供一定参考。

5.2　结冰飞机纵向非线性动力学模型

当飞机在迎角的线性段飞行时，可以对其纵向运动的动力学模型进行适当的线性化。然而在结冰条件下，由于气动外形的变化，原本的气动线性段出现明显的非线性，飞机动态稳定范围变小，严重威胁飞行安全。结冰引起的气动非线性可能带来复杂的动力学特性，显著降低飞机的飞行品质，使得驾驶员或自驾仪难以控制飞机。因此，仅使用线性化方法来研究是不充分的，必须建立结冰条件下飞机的非线性动力学模型，在此非线性模型的基础上进行研究。

5.2.1　纵向非线性模型

为研究飞机纵向动力学稳定域，假设飞机的横侧向运动变量足够小，副翼和方向舵处于零位，忽略飞机高度和速度的变化。为简化分析，忽略发动机推力的法向分量，则飞机纵向动力学模型可由式(5.1)给出[273]：

$$\begin{cases} \dot{\alpha} = q - \dfrac{1}{mV}[-L - F_T \sin\alpha + mg\cos(\theta - \alpha)] \\ \dot{q} = \dfrac{M}{I_y} \\ \dot{\theta} = q \end{cases} \tag{5.1}$$

其中，α 为迎角；q 为俯仰角速度；F_T 为发动机推力；θ 为俯仰角；m 为飞机质量；V 为飞行速度；L 为总气动升力；$\bar{M}$ 为气动力产生的总的俯仰力矩；I_y 为俯仰惯性矩；g 为重力加速度。

气动力和力矩是多个飞行运动参数的复杂函数，为简化分析，本书使用如式 (5.2) 所示的气动系数模型[13]：

$$\begin{cases} C_{L_T} = C_L(\alpha) + C_{L_{\delta_e}}\delta_e \\ C_{m_T} = C_m(\alpha) + C_{m_{\delta_e}}\delta_e + C_{m_q}q\dfrac{\bar{c}}{2V} + C_{m_{\dot{\alpha}}}\dot{\alpha}\dfrac{\bar{c}}{2V} \end{cases} \tag{5.2}$$

其中，C_{L_T} 和 C_{m_T} 分别为总升力系数和总俯仰力矩系数；$C_L(\alpha)$ 为升力系数与迎角的关系；$C_m(\alpha)$ 为俯仰力矩系数与迎角的关系；δ_e 为升降舵偏角；C_{m_q} 和 $C_{m_{\dot{\alpha}}}$ 为纵向动导数；$C_{L_{\delta_e}}$ 和 $C_{m_{\delta_e}}$ 为全机升降舵效率；$\bar{c}$ 为机翼的平均气动弦长。

5.2.2　结冰飞机气动系数的变化

结冰对飞机气动性能的影响与气象条件、飞机结构等因素有着非常复杂的关系。获取结冰条件下的飞机气动数据是研究结冰对飞机动力学稳定域影响的前提，然而目前可用的结冰飞机的气动数据很少。为了对结冰影响进行仿真分析以便构建智能结冰系统来应对结冰危害，Bragg 等提出了一个结构简单、物理含义较为清晰的结冰影响模型[70]。对于特定的飞机，Bragg 的模型需要取得特定气动系数对结冰影响的敏感性系数，该敏感性系数取决于飞机的结构布局、翼型等固有参数，需要通过试验手段获得，因此一般的飞机不具备使用 Bragg 模型的条件。CFD 的发展为研究特定飞机结冰条件下的气动特性提供了一种经济有效的数值计算方法。CFD 方法可以和飞行仿真结合起来，适用于研究结冰条件下的飞行稳定性和飞行安全等问题，具有广阔的应用前景。根据飞行实践中已经获得的机翼结冰外形数据，利用 CFD 软件计算结冰条件下的气动数据是一种经济有效的方法。本书中结冰条件下的气动数据正是对某大型飞机在机翼中度结冰的条件下采用 CFD 计算的结果。该大型飞机是参考空客 A320、波音 737 和我国商飞 C919 的外形构建的研究用背景飞机。机身长度为 38.20m，机翼参考面积为 124.0m²，机翼半展长为 17.050m，平均气动弦长为 4.150m，最大起飞重量为 72000kg。

背景飞机在马赫数 $Ma = 0.4$ 时的升力系数曲线和俯仰力矩系数曲线如图 5.1 所示，气动导数如表 5.1 所示。

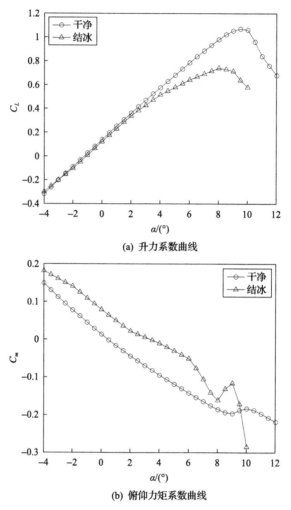

(a) 升力系数曲线

(b) 俯仰力矩系数曲线

图 5.1　结冰对飞机气动特性的影响

表 5.1　干净与结冰条件下的纵向气动导数

气动导数	干净条件	结冰条件
C_{m_q}	−41.4461s	−35.1052s
$C_{m_{\dot{\alpha}}}$	−13.3044s	−12.3073s
$C_{L_{\delta_e}}$	0.4441rad^{-1}	0.3464rad^{-1}
$C_{m_{\delta_e}}$	−1.9091rad^{-1}	−1.5406rad^{-1}

图 5.1 中，结冰条件的结冰位置为机翼前缘，沿翼展方向分布于整个机翼。可见在迎角 α 为 $[-4°,4°]$ 时，结冰条件下 C_{L_α}（即 C_L 的曲线斜率）减小约 10%，C_{m_α}（即 C_m 的曲线斜率）增大约 15%。最大升力系数减小约 30%，失速迎角减小约 2°。由表 5.1 可知结冰使得 C_{m_q} 增大约 15.3%，$C_{m_{\dot\alpha}}$ 增大约 7.5%，飞机升降舵效率下降约 20%。可见，结冰使得飞机失速迎角降低，俯仰力矩系数和迎角关系的非线性明显增强。计算结果符合结冰对飞机气动特性影响的一般规律，说明了 CFD 计算结果的合理性和可靠性。

5.3　飞机本体纵向非线性动力学稳定域

结冰对飞机气动特性的影响将改变其本体纵向动力学稳定域。基于稳定流形的稳定域分析方法依据动力学系统稳定域的拓扑结构特征，直接利用系统动力学方程构造稳定域，理论上能准确地构造出结冰条件下飞机的动力学稳定边界，有利于进一步分析结冰的危害。基于稳定流形方法分别计算干净和结冰条件下的飞机纵向动力学稳定域，基于稳定域的变化分析结冰对飞机稳定性的影响。

飞机本体纵向非线性动力学稳定域是纵向定杆运动中平衡点的稳定域，以下简称纵向稳定域，它反映了飞机的抗扰动能力。当纵向稳定域范围较大时，对于来自外部环境的扰动，飞机在无须驾驶员操作的情况下就能恢复平衡位置。这不仅减轻了驾驶员的工作负荷，还能减小由驾驶员操作失误导致事故的概率。反之，若飞机的纵向稳定域较小，则驾驶员必须进行适当的操作以恢复飞机的平衡状态。当平衡状态的稳定域过小时，驾驶员不得不加大控制力度努力进入稳定域，增加了驾驶员操作失误的可能性。

为研究结冰对飞机纵向稳定域的影响，先计算干净外形条件下飞机的稳定域。将飞机配平到一个迎角较大的平飞状态，计算此时飞机的稳定域边界。然后在同一升降舵偏角下将结冰飞机配平，得到结冰条件下的稳定域边界。

干净外形条件下，飞行高度 $H=4000\mathrm{m}$，速度 $V=127\mathrm{m/s}$。配平状态点（stable equilibrium point, SEP）：$\alpha=0.1416\mathrm{rad}$、$q=0\mathrm{rad/s}$、$\theta=0.1416\mathrm{rad}$，配平升降舵偏角 $\delta_e=-0.097\mathrm{rad}$，SEP 处的系统雅可比矩阵特征值为：$\lambda_{1,2}=-0.7818\pm0.9542j$、$\lambda_3=-0.00043$。按本章所提算法，计算出 SEP 稳定域边界上的不稳定平衡点（unstable equilibrium point, UEP）：$\alpha=0.1832\mathrm{rad}$、$q=0\mathrm{rad/s}$、$\theta=0.4277\mathrm{rad}$。UEP 处的系统雅可比矩阵特征值为：$\lambda_1=-0.5123$、$\lambda_2=0.3729$、$\lambda_3=-0.06566$。因此，UEP 的稳定流形为二维流形，且其稳定

流形构成了 SEP 的稳定域边界，结果如图 5.2 所示。

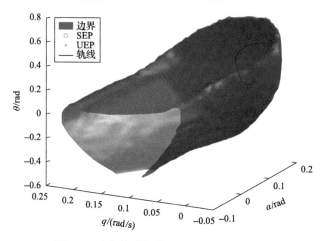

图 5.2　干净外形条件下飞机的纵向稳定域

图 5.2 中的轨线是系统以 UEP 为初始状态的解，从图 5.2 中可知，该轨线最终收敛于 SEP。因此，UEP 为 SEP 稳定域边界上的不稳定平衡点，并且轨线上的点均是 SEP 稳定域中的点，由稳定域的拓扑结构特征，即稳定域的连通性可知，图 5.2 中绿色曲面的内部即为 SEP 的稳定域。

为验证所构造稳定域边界的正确性，在稳定域内外随机选取初始状态，利用数值积分算出始于相应初始状态的解轨线。若解轨线收敛于稳定状态 SEP，则相应初始点位于稳定域内，否则相应初始点在稳定域外。图 5.3 中，

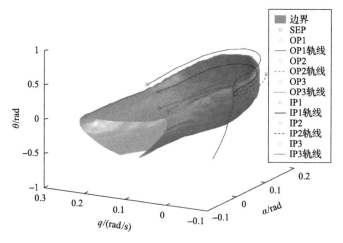

图 5.3　稳定域内外的初值响应轨线

OP1、OP2、OP3 为取自稳定域外的初始状态，对应这三个状态的系统解轨线随时间发散，如图 5.4 所示。IP1、IP2、IP3 为取自稳定域内的初始状态，相应的系统解轨线收敛于 SEP。更多的初始点检验表明，所构造的边界曲面的确是 SEP 的稳定域边界。

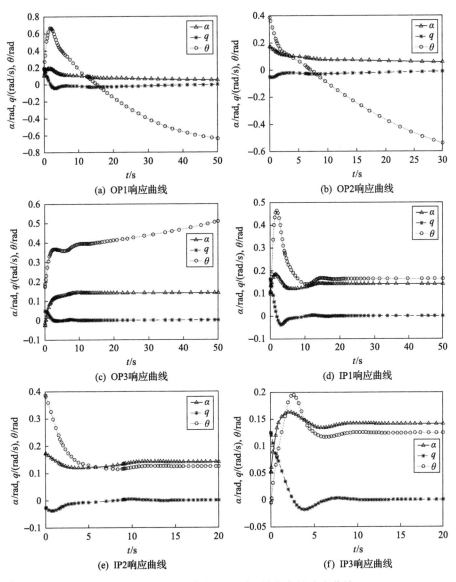

图 5.4　干净外形条件下不同初始状态的响应曲线

根据第 3 章所提的基于 HJ PDE 的算法估计 SEP 的稳定域[201]。计算网格范围为 $[-0.05,0.2]\times[-0.05,0.25]\times[-0.8,0.4]$，网格点数为 $60\times60\times60$。初始条件设置为

$$\phi_0(x)=\|x-x_s\|_2-0.03 \tag{5.3}$$

其中，x_s 为 SEP 的位置。

对 HJ PDE 沿时间反方向积分，设置迭代周期为 1s，设置总迭代时间的限制为 15s，计算结果如图 5.5 所示。

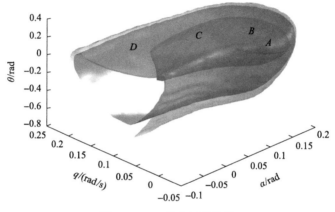

图 5.5 SEP 稳定域的估计

图 5.5 中绿色透明曲面为基于稳定流形计算的 SEP 的稳定域，红色透明曲面为基于 HJ PDE 产生的 SEP 稳定域的估计。其中红色曲面 A 是边界条件，即初始估计。红色曲面 B 是计算至演化时间为 3s 时的稳定域边界估计。红色曲面 C 是计算至演化时间为 7s 时的稳定域边界估计。红色曲面 D 是计算至演化时间为 15s 时的稳定域边界估计。红色曲面 D 与绿色曲面已经相对接近，继续增加演化时间和计算网格的精度，将能得到更好的估计结果。可见，随着演化时间的增加，稳定域的估计逐渐增大且趋向于稳定域的真实结果。

5.4 结冰对飞机稳定域的影响

结冰条件下，在与干净外形条件同一升降舵偏角下配平飞机，配平速度 $V=145\text{m/s}$，配平状态点 SEP' 为：$\alpha=0.1348\text{rad}$、$q=0\text{rad/s}$、$\theta=0.1348\text{rad}$。

结冰条件平飞速度变大，这主要是由于结冰使得飞机的升力系数减小，需要较大的动压来产生升力以平衡重力。边界上的不稳定平衡点 UEP′：$\alpha =$ 0.1624rad 、$q = 0$rad/s 、$\theta = 0.5126$rad，结冰条件下稳定域边界如图 5.6 中的蓝色曲面所示。

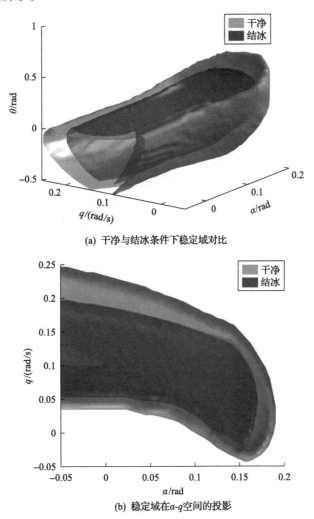

(a) 干净与结冰条件下稳定域对比

(b) 稳定域在α-q空间的投影

图 5.6　结冰条件下稳定域的变化

由图 5.6(a)可知，结冰条件下的稳定域绝大部分包含在干净外形条件下稳定域的内部，仅有 θ 正方向上非常小的一部分在干净外形条件下稳定域的外部，结冰使得稳定域在 α 和 q 方向上收缩较大。

由图 5.6(b)可知, 结冰条件下稳定边界的最大迎角减小约 1°, 这与图 5.1 中结冰条件下失速迎角减小是吻合的。结冰条件下稳定域边界对应的俯仰角速度减小约 20%, 这与图 5.1 及表 5.1 中结冰使得俯仰阻尼减小是一致的。可见, 结冰条件下稳定域的变化与结冰对飞机气动特性的影响趋势基本是一致的, 结冰对飞机气动特性的影响最终体现在飞机的动力学稳定域上。整体上结冰使得纵向稳定域明显缩小, 飞机的动稳定性变差, 原本可以稳定的区域变得发散, 威胁飞行安全。

5.5　本章小结

飞机的动力学稳定域准确地刻画了各状态变量的稳定界限, 表征了飞机的动态稳定程度。本章基于已有的关于结冰对气动特性影响的研究成果, 建立结冰飞机的纵向模型。采用基于稳定流形的方法准确地构造出飞机的纵向动力学稳定域, 并与基于 HJ PDE 估计稳定域的结果进行了对比。由结冰条件下纵向动力学稳定域的变化, 可以直观地认识结冰对飞机稳定性的影响, 并有利于进一步评估结冰对飞行安全的危害。

(1)结冰条件下, 飞机纵向动力学稳定域的变化可以直观地反映出结冰对飞机纵向动稳定性的影响。结冰使得飞机稳定域明显缩小, 因而需要驾驶员更多地干预飞行任务, 增加了驾驶员的工作负荷。

(2)基于稳定流形的方法依据动态系统稳定域的拓扑结构, 直接利用系统动力学方程构造稳定域边界。理论上, 该方法可以准确地构造出动力学系统的稳定域边界。其误差依赖于数值积分算法的精度, 目前已有许多可以处理数值积分问题的软件, 因而该方法易于在计算机上实现。飞机纵向方程的初值响应验证表明, 该方法构造出的飞机纵向动力学稳定域是准确的。基于 HJ PDE 的稳定域估计方法随着演化时间的增加能不断地迭代产生稳定域的估计, 迭代的每一步都会产生一个比前一步更大的稳定域估计。随着演化时间的增加, 估计值将逐渐逼近稳定域的真实值。

(3)结冰使得飞机升力系数减小, 失速迎角提前, 俯仰力矩曲线斜率增大, 导致纵向动力学稳定域明显收缩。在本章的结冰条件下, 稳定域在俯仰角速度方向上收缩约 20%, 稳定边界处的最大迎角减小约 1°, 边界处的最大俯仰角减小约 8°。稳定域的变化与结冰对气动特性的影响趋势基本是一致的。可见, 在结冰条件下, 飞机的稳定性明显变差, 因而需要驾驶员更多地干预飞行任务, 若驾驶员尚未意识到结冰的影响, 则容易操作失误, 导致飞行事故。

第6章 基于可达集理论的结冰飞机安全边界分析

6.1 引　言

　　结冰改变了飞机的气动特性，危害飞行安全。结冰对飞机气动特性影响规律的复杂性给研究结冰危害带来诸多困难。飞机结冰将对飞机的气动性能及飞行安全产生多方面的影响[265]，例如，减小飞机失速迎角和最大升力[44,70]，降低飞机的稳定性和操纵性[141,274]，并使飞机的动力学稳定域明显缩小[270]。航空界高度重视结冰的危害并发展了许多防/除冰技术。然而结冰引起的重大飞行事故仍时有发生[56]。统计数据表明，许多重大飞行事故可以追溯到相似的原因：飞机超出安全边界[38,43]。当飞机遭遇异常情况，如结冰时，飞机的安全边界将严重收缩。由于缺乏对已缩小的安全边界的了解，若驾驶员仍按正常边界操纵飞机，很可能会做出不明智的操作，从而导致飞行事故，如1992年的 EL AL Flight 1862 事故[275]和 1994 年的 ATR 事故[180]。事故分析指出，如果驾驶员知道缩小后的安全边界并进行正确的操纵，飞行事故或可避免[276]。可见研究结冰条件下的飞行安全边界，明确结冰对安全边界的影响，是应对结冰危害的重要前提。另外，研究结冰对飞行安全边界的影响也可为结冰条件下的飞机边界保护提供参考。

　　关于结冰对飞机气动性能、稳定性和操纵性的影响，已经有大量的研究成果[44]，如 Bragg 等的结冰影响因子模型[70]。可以基于结冰对飞机气动特性的影响模型建立结冰飞机的动力学模型，计算结冰飞机的飞行安全边界，进而分析结冰对安全边界的影响。另外，现有的结冰影响模型试图建立起结冰程度与飞机气动参数变化之间的确定性关系。然而，在飞行实践中，结冰条件是不断变化的，且结冰信息难以准确获得，因此结冰程度的探测结果往往具有不确定性。此外，结冰对飞机气动特性的影响较为复杂。因此，本章将利用结冰飞机的不确定性非线性模型研究飞行安全边界[277]。

　　关于结冰飞机安全边界的研究起初集中在飞行包线、可用迎角和侧滑角等的估计上。Merret 等[180]根据试飞数据分析了结冰飞机最大升力系数、失速迎角等与结冰条件的关系，并选取迎角和滚转角作为关键参数对结冰飞机的安全边界进行预测。Hossain 等[181]根据结冰条件下升力系数降低量与失速迎角的关系确定安全边界，该方法可为驾驶员提供安全边界的预测信息。国内也有类似的研究结果[150,191]。还有许多因素(如俯仰角、俯仰角速度、操纵面偏角等)与飞行安全有密切关系。并且，因素之间的耦合作用也是不容忽视的[163]，尤其是在结冰等异常条件下。因此，应综合考虑飞行状态变量和操纵控制量，构造多维安全边界。

飞机边界保护的目的是通过可行的控制确保飞机运行在预设的状态空间安全区域内，这符合控制不变集的概念，可以利用可达集理论进行计算。因此，本章基于结冰飞机动力学模型的两种不同描述方法，利用可达集分析工具，在飞机状态空间中确定包含多个飞行状态参数的控制不变集。将该不变集作为飞行安全集[170]，并将该不变集的边界作为飞行安全边界。通过分析结冰飞机飞行安全边界的变化研究结冰对飞行安全边界的影响。

本章将结冰程度不确定性变量引入可达集分析理论，通过求解 HJ PDE 得到结冰飞机的多维安全边界。然后通过对比结冰飞机与干净飞机的安全飞行边界，分析结冰的影响和危害，以期为确定飞机结冰后的安全边界和评估结冰对飞行安全的影响提供一定的参考。

6.2 背景飞机纵向不确定性非线性模型

结冰改变了飞机的外形特征，导致飞机气动力和力矩特性发生变化。由于结冰情形复杂多样，难以准确探测，且结冰对气动力和力矩的影响规律也较为复杂，本章基于结冰飞机不确定性非线性模型进行计算分析。相比于基于确定性模型的方法，本章的方法更加符合结冰飞机探测结果的实际，具有更强的工程参考意义。

本书使用的背景飞机是参考空客 A320、波音 737 和我国商飞 C919 的外形构建的客机模型[270]。其纵向动力学模型可由式(6.1)给出：

$$\begin{cases} \dot{V} = \dfrac{1}{m}(T\cos\alpha - D - mg\sin\gamma) \\[2mm] \dot{\gamma} = \dfrac{1}{mV}(T\sin\alpha + L - mg\cos\gamma) \\[2mm] \dot{q} = \dfrac{M}{I_y} \\[2mm] \dot{\alpha} = q - \dfrac{1}{mV}(T\sin\alpha + L - mg\cos\gamma) \end{cases} \qquad (6.1)$$

其中，V 为飞行速度；γ 为航迹倾角；q 为俯仰角速度；α 为迎角；m 为飞机质量；I_y 为俯仰惯性矩；g 为重力加速度；T 为发动机推力；D、L 和 M 分别为总气动阻力、总气动升力和总的俯仰力矩，由式(6.2)给出：

$$
\begin{cases}
D = \dfrac{1}{2}\rho V^2 S_1 C_{D_T} \\[2mm]
L = \dfrac{1}{2}\rho V^2 S_1 C_{L_T} \\[2mm]
M = \dfrac{1}{2}\rho V^2 S_1 \bar{c} C_{m_T}
\end{cases}
\tag{6.2}
$$

其中，ρ 为空气密度；S_1 为机翼参考面积；$\bar{c}$ 为平均气动弦长；C_{D_T}、C_{L_T} 和 C_{m_T} 分别为总阻力系数、总升力系数和总俯仰力矩系数。

使用第 4 章中所提的有结冰影响的不确定性模型，即

$$
C_{(A)\text{iced}} = C_{(A)} + C_{(A)_d} d
\tag{6.3}
$$

引入不确定性变量 d 后，气动系数展开为

$$
\begin{cases}
C_{D_T} = C_{D_0} + C_{D_\alpha}\alpha + C_{D_{\alpha^2}}\alpha^2 + C_{D_d}d \\[2mm]
C_{L_T} = C_{L_\alpha}(\alpha - \alpha_0) + C_{L_{\delta_e}}\delta_e + C_{L_d}d \\[2mm]
C_{m_T} = C_{m_0} + C_{m_\alpha}(\alpha - \alpha_0) + C_{m_{\delta_e}}\delta_e + C_{m_q}q\dfrac{\bar{c}}{2V} \\[2mm]
\qquad\quad + C_{m_{\dot{\alpha}}}\dot{\alpha}\dfrac{\bar{c}}{2V} + C_{m_d}d
\end{cases}
\tag{6.4}
$$

其中，C_{D_0}、C_{D_α} 和 $C_{D_{\alpha^2}}$ 为阻力系数与迎角关系的拟合系数；C_{L_α} 为升力系数对迎角的导数；α_0 为零升力迎角；δ_e 为升降舵偏角；$C_{L_{\delta_e}}$ 为升力系数对升降舵偏度的导数；C_{m_0} 为零升力俯仰力矩系数；C_{m_α} 为俯仰力矩系数对迎角的导数；$C_{m_{\delta_e}}$ 为俯仰力矩系数对升降舵偏度的导数；C_{m_q} 为俯仰力矩系数对俯仰角速度的导数；$C_{m_{\dot{\alpha}}}$ 为俯仰力矩系数对迎角变化率的导数；C_{D_d}、C_{L_d} 和 C_{m_d} 为结冰不确定性影响系数。

背景飞机气动参数为：$C_{D_0} = 0.020601$，$C_{D_\alpha} = 7.932\times10^{-4}$，$C_{D_{\alpha^2}} = 6.031\times10^{-4}$，$C_{L_\alpha} = 0.10878$，$\alpha_0 = -1.3$，$C_{L_{\delta_e}} = 0.00779$，$C_{m_0} = 0.05321$，$C_{m_\alpha} = -0.02597$，$C_{m_{\delta_e}} = -0.0333$，$C_{m_q} = -41.446$，$C_{m_{\dot{\alpha}}} = -13.304$。$d$ 的范围定为 $[0,1]$，$d = 0$ 意味着飞机干净，$d = 1$ 则意味着飞机重度结冰。

式 (6.4) 中的 d 是作为系统的一个不确定性变量,其作用是最大限度地压缩飞机的安全飞行区域,这一点将在飞行安全边界计算中进一步讨论。不确定性变量 d 具有一定的范围,当结冰程度有较大变化时,可以调整范围。这与 Bragg 模型有很大的不同。在 Bragg 模型中,为研究不同程度的结冰情形,需要改变 η 具体取值,分析结果对 η 的准确性较为敏感。而本章所用的结冰不确定性模型降低了分析结果对结冰探测精度的敏感性。

6.3　飞行安全边界与可达集分析

可达集分析方法可以计算系统的控制不变集,并且具备引入系统不确定性的基础。因此,本章将利用可达集分析方法计算结冰飞机的飞行安全边界,进而分析结冰对飞行安全的影响。

6.3.1　不确定性非线性系统的可达集分析

可达集分析是一种有效的安全确认方法,它可以确定出系统状态空间中的一个安全区域。近年来该方法被广泛用于飞行安全评估与分析[43,239]。考虑式 (6.5) 所示的含有不确定性的非线性系统:

$$\dot{x} = f(x, u, d) \tag{6.5}$$

其中,$x \in \mathbf{R}^n$ 为系统状态;$u \in U \subset \mathbf{R}^m$ 为控制输入;$d \in D' \subset \mathbf{R}^q$ 为外部因素引起的不确定性变量,在结冰飞机系统中 d 表示结冰程度不确定性变量;向量场 f 为 Lipschitz 连续函数。系统 (6.5) 的解轨线记为 $\xi_f(t; x_0, t_0, u(\cdot), d(\cdot))$,其中,$x_0$ 为初始状态,t_0 为初始时刻。

出于安全考虑,要对飞机的状态变量进行适当的限制。假设将飞机状态变量限制在集合 $C \subset \mathbf{R}^n$ 内,则确定飞行安全边界的问题实际上是寻找一个集合 S。当飞机状态在 S 内时,总存在允许控制 $u \in U$,使得飞机在任意结冰程度不确定性变量 $d \in D'$ 条件下,都不超出限制 C,即安全集 S 可定义为

$$S = V_f(C, [0, t_{\text{terminal}}]) := \{x_0 \in \mathbf{R}^n \mid \forall d(\cdot) \in D', \exists u(\cdot) \in U, \\ \forall \tau \in [0, t_{\text{terminal}}], \xi_f(\tau; x_0, 0, u(\cdot), d(\cdot)) \in C\} \tag{6.6}$$

安全集 S 的求解可以描述为优化控制问题,具体由 HJ PDE 的黏性解得到[26]。令 $\phi(x, t)$ 为 HJ PDE (6.7) 的黏性解:

$$\frac{\partial \phi(x,t)}{\partial t} + \min[0, H(x,p)] = 0$$

$$\phi(x,0) = \phi_0(x) \tag{6.7}$$

其中，$p = \partial \phi(x,t) / \partial x$ 为解函数 $\phi(x,t)$ 的梯度；$H(x,p)$ 的几何含义是系统向量场与解函数梯度内积的最优值，即

$$H(x,p) = \sup_{u(\cdot) \in U} \inf_{d(\cdot) \in D'} p^\mathrm{T} f(x,u,d) \tag{6.8}$$

控制量 u 的作用是让飞机尽可能地保持在限制集 C 内，即最大限度地保证飞机的安全。而结冰程度不确定性变量 d 的作用则相反，即尽可能让飞机离开限制集 C，威胁飞行安全。因而，在优化控制问题中 d 的优化应与 u 相反，这与追逃问题的解是相似的[166]。

安全集 S 可由 $\phi(x,t)$ 描述为

$$S = V_f(C,[0,t_{\mathrm{terminal}}]) = \{x \in \mathbf{R}^n \mid \phi(x, -t_{\mathrm{terminal}}) > 0\} \tag{6.9}$$

6.3.2　飞行安全边界计算

根据可达集分析理论，飞机安全飞行边界的计算可以归结为求解特定的 HJ PDE。其中关键的步骤是确定边界条件和哈密顿函数的最优解。假设状态限制为 $V_{\min} \leqslant V \leqslant V_{\max}$、$\gamma_{\min} \leqslant \gamma \leqslant \gamma_{\max}$、$q_{\min} \leqslant q \leqslant q_{\max}$ 和 $\alpha_{\min} \leqslant \alpha \leqslant \alpha_{\max}$，则飞机的状态被粗略地限制在一个矩形空间[28]，边界条件 $\phi_0(x): \mathbf{R}^3 \to \mathbf{R}$ 可取为

$$\phi_0(x) = \min\{x_1 - V_{\min}, V_{\max} - x_1, x_2 - \gamma_{\min}, \gamma_{\max} - x_2,$$
$$x_3 - q_{\min}, q_{\max} - x_3, x_4 - \alpha_{\min}, \alpha_{\max} - x_4\} \tag{6.10}$$

可见当 $\phi_0(x) \geqslant 0$ 时 $x \in C$，当 $\phi_0(x) < 0$ 时 $x \notin C$。

状态限制可以取为其他的形式，例如用多个超平面作为状态限制，只要构造出对应的边界条件 $\phi_0(x)$ 即可。在实际中，控制输入也有相应的限制范围，如 $T_{\min} \leqslant T \leqslant T_{\max}$，$\delta_{e_{\min}} \leqslant \delta_e \leqslant \delta_{e_{\max}}$。另外，结冰程度不确定性变量 d 也有一定的范围：$d_{\min} \leqslant d \leqslant d_{\max}$。

除边界条件外，HJ PDE 还需要求解优化问题(6.8)，得到最优解 T^*、δ_e^* 和 d^*。其中 T^* 和 δ_e^* 的作用是最大限度地让飞机保持在 C 内，而 d^* 则是最大

限度地让飞机离开 C 。根据边界条件 $\phi_0(x)$ 和最优解 T^* 、δ_e^* 和 d^* 得到的 S 是飞机系统在 C 中的最大控制不变集，即对任意 $d_{\min} \leqslant d \leqslant d_{\max}$ ，存在可行控制 $T_{\min} \leqslant T \leqslant T_{\max}$ 、$\delta_{e_{\min}} \leqslant \delta_e \leqslant \delta_{e_{\max}}$ ，使得飞机始终保持在 C 内。因此，可以将 S 作为飞机的飞行安全集，将 S 的边界作为飞行安全边界[26,170]。

确定边界条件和哈密顿函数的最优解后，可以使用水平集算法求解式 (6.7)的黏性解 $\phi(x,t)$ 。本章将基于 Mitchell 的水平集工具箱[166]求解飞行安全边界问题中涉及的 HJ PDE。

6.4 结冰对飞行安全边界的影响

6.4.1 干净飞机的飞行安全边界

根据结冰对飞机气动影响的已有研究成果可知[44,151,259]，结冰后气动系数变化范围为 5%～25%。因此，结合本书背景飞机的气动数据，本章取 $C_{D_d} = 0.018$ 、$C_{L_d} = -0.25$ 和 $C_{m_d} = 0.04$ 。限制性参数：$\delta_{e_{\max}} = 15°$ ，$\delta_{e_{\min}} = -30°$ ，$T_{\max} = 200000\text{N}$ ，$T_{\min} = 20000\text{N}$ ，$V_{\min} = 180\text{m/s}$ ，$V_{\max} = 240\text{m/s}$ ，$\gamma_{\min} = -10°$ ，$\gamma_{\max} = 10°$ ，$q_{\min} = -20(°)/s$ ，$q_{\max} = 20(°)/s$ ，$\alpha_{\min} = -4°$ ，$\alpha_{\max} = 12°$ 。

对于干净飞机，$d = 0$ ，于是式(6.8)退化为

$$H(x,p) = \sup_{u(\cdot) \in U} p^{\mathrm{T}} f(x,u) \tag{6.11}$$

即

$$
\begin{aligned}
H(x,p) = \sup_{T \in [T_{\min}, T_{\max}]} \sup_{\delta_e \in [\delta_{e_{\min}}, \delta_{e_{\max}}]} & \left\{ \frac{T}{mV}[p_1 V \cos\alpha + (p_2 - p_4)\sin\alpha] \right. \\
& + \frac{\rho S V \delta_e}{2mI_y}\left[(p_2 - p_4)I_y C_{L_{\delta_e}} + p_3 mV C_{m_{\delta_e}}\right] \\
& - p_1\left[\frac{\rho S}{2m}V^2(C_{D_0} + C_{D_\alpha}\alpha + C_{D_{\alpha^2}}\alpha^2) + g\sin\gamma\right] \\
& + (p_2 - p_4)\left[\frac{\rho S}{2m}V C_{L_\alpha}(\alpha - \alpha_0) - \frac{g\cos\gamma}{V}\right] \\
& \left. + \frac{p_3 \rho S}{2I_y}V^2\left[C_{m_0} + C_{m_\alpha}(\alpha - \alpha_0) + C_{m_q}q\frac{\overline{c}}{2V} + C_{m_{\dot\alpha}}\dot\alpha\frac{\overline{c}}{2V}\right] + p_4 q \right\}
\end{aligned}
\tag{6.12}
$$

可得最优解 T^* 和 δ_e^* 为

$$T^* = \begin{cases} T_{\min}, & [\,p_1 V \cos\alpha + (p_2 - p_4)\sin\alpha\,] \le 0 \\ T_{\max}, & 其他 \end{cases}$$

$$\delta_e^{\,*} = \begin{cases} \delta_{e_{\min}}, & \left[(p_2 - p_4)I_y C_{L_{\delta_e}} + p_3 mVC_{m_{\delta_e}}\right] \le 0 \\ \delta_{e_{\max}}, & 其他 \end{cases} \tag{6.13}$$

得到最优解 T^* 和 δ_e^* 后，便可求解 HJ PDE，进而得到安全边界。现有的求解 HJ PDE 的方法可以粗略地分为三类，即 Lagrangian 方法[278]、Euler 方法[240,279] 和 Semi-Lagrangian 方法[280,281]。Lagrangian 方法利用系统向量场对边界上的粒子进行演化，进而追踪边界面的变化。该方法的主要问题是边界面的变形会使边界上粒子的几何位置关系发生扭曲，使得边界面的重构相当困难。Euler 方法通常又称为水平集方法[167]，通过在系统状态空间中不断地演化一个实值函数来获得边界，边界以此实值函数的水平集形式呈现。水平集方法的主要缺点是其计算量将随着系统维数的增长而急剧增长。需要指出，对于四维系统，水平集方法是相当有效的。并且，水平集方法中演化出来的实值函数可以作为系统状态空间中状态点到安全边界的一种度量。该度量可为飞行安全预警和边界保护提供重要的信息。这是 Lagrangian 方法和 Semi-Lagrangian 方法无法提供的。因此，本章将采用水平集方法求解飞行安全边界确定问题中涉及的 HJ PDE。

将所得最优解应用于哈密顿函数，利用水平集工具箱求解 HJ PDE(6.7)，可得干净飞机的飞行安全边界。飞机纵向动力学模型有四个状态变量，因此系统状态空间是四维的，解函数 $\phi(x,t)$ 定义在 $\mathbf{R}^4$ 上，安全边界信息包含在四维的隐函数 $\phi(x,t)$ 内。为便于可视化，本章对计算结果按 α 轴切片，然后绘制出三维数据的等值面（值为 0），即可得到飞行安全边界的切片，如图 6.1 中的透明曲面所示。

图 6.1 是计算至终端时间 $t_{\text{terminal}} = 5\text{s}$ 的飞行安全边界，即 $V_f(C,[0,5])$ 的水平集。对于水平集内的状态点，总能找到允许控制 $u \in U$ 使飞机不超出状态限制 C。而对于水平集之外的状态，则不存在这样的允许控制。终端时间 $t_{\text{terminal}} = 5\text{s}$ 的含义是，当飞机处于水平集之外的状态时，无论采取何种控制，飞机都将在至多 5s 时超出状态限制 C，进入危险区域，可以据此对计算结果进行验证。因为最优解对应的控制是符合控制输入限制的，所以可以利用最优解对应的控制计算飞机系统的闭环响应。利用蛮力法对状态空间中的状态点进行仿真计算，结果如图 6.2 所示。

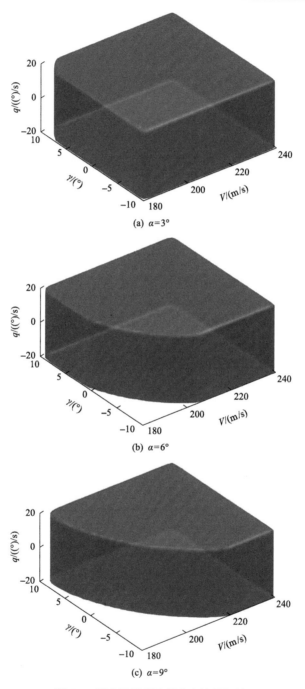

(a)　$\alpha=3°$

(b)　$\alpha=6°$

(c)　$\alpha=9°$

图 6.1　干净飞机的飞行安全边界切片

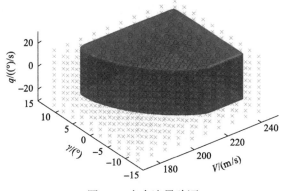

图 6.2　安全边界验证

　　图 6.2 是验证结果在 $\alpha = 9°$ 切片中的可视化，其中圆圈表示对应状态点在最优解对应的控制下闭环响应不超出状态限制集 C，而叉号则表示对应状态点的闭环响应超出了状态限制集 C。由图 6.2 可知，水平集工具箱计算的结果与利用闭环响应计算的结果是一致的。

6.4.2　结冰飞机飞行安全边界的变化

　　对于结冰飞机，需要考虑结冰程度不确定性变量 d 的作用，并寻求式 (6.8) 的最优解。根据式 (6.1) 和式 (6.4)，对于结冰飞机有

$$
\begin{aligned}
H(x,p) = {} & \sup_{T \in [T_{\min}, T_{\max}]} \sup_{\delta_e \in [\delta_{e_{\min}}, \delta_{e_{\max}}]} \inf_{d \in [d_{\min}, d_{\max}]} \left\{ \frac{T}{mV} \left[p_1 V \cos\alpha + (p_2 - p_4)\sin\alpha \right] \right. \\
& + \frac{\rho S V \delta_e}{2 m I_y} \left[(p_2 - p_4) I_y C_{L_{\delta_e}} + p_3 m V C_{m_{\delta_e}} \right] \\
& + \frac{\rho S V d}{2 m I_y} \left[(p_2 - p_4) I_y C_{L_d} + p_3 m V C_{m_d} - p_1 I_y V C_{D_d} \right] \\
& - p_1 \left[\frac{\rho S}{2m} V^2 (C_{D_0} + C_{D_\alpha}\alpha + C_{D_{\alpha^2}}\alpha^2) + g\sin\gamma \right] \\
& + (p_2 - p_4) \left[\frac{\rho S}{2m} V C_{L_\alpha}(\alpha - \alpha_0) - \frac{g\cos\gamma}{V} \right] \\
& \left. + \frac{p_3 \rho S}{2 I_y} V^2 \left[C_{m_0} + C_{m_\alpha}(\alpha - \alpha_0) + C_{m_q} q \frac{\overline{c}}{2V} + C_{m_{\dot{\alpha}}} \dot{\alpha} \frac{\overline{c}}{2V} \right] + p_4 q \right\}
\end{aligned}
$$

(6.14)

显然结冰飞机的最优解 T^*、δ_e^* 和干净飞机是相同的，即式(6.13)，为此不再赘述。而最优解 d^* 为

$$d^* = \begin{cases} d_{\max}, & \left[(p_2 - p_4)I_y C_{L_{\delta_e}} + p_3 mVC_{m_{\delta_e}} I_y C_{L_d} + p_3 mVC_{m_d} - p_1 I_y VC_{D_d}\right] \leqslant 0 \\ d_{\min}, & \text{其他} \end{cases}$$

(6.15)

将所得最优解应用于式(6.7)，可得结冰飞机的飞行安全边界如图 6.3 所示。对比图 6.1 和图 6.3 中安全集的体积，图 6.3(a)比图 6.1(a)减少约 7%，图 6.3(b)比图 6.1(b)减少约 13%，图 6.3(c)比图 6.1(c)减少约 20%。进一步对比图 6.3(a)和图 6.1(a)，在结冰条件下，飞行安全边界在 V 轴上的低速区域、q 轴的正半轴收缩明显。这主要是由于结冰使得飞机的失速迎角减小，正的俯

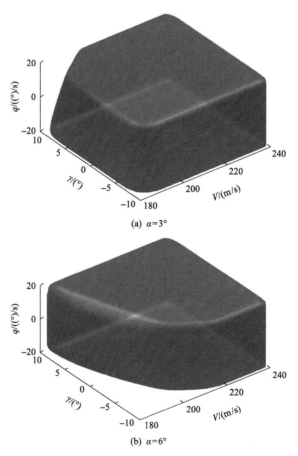

(a) $\alpha = 3°$

(b) $\alpha = 6°$

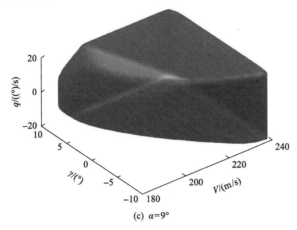

(c) $\alpha=9°$

图 6.3　结冰飞机飞行安全边界切片

仰速率容易引发迎角超限。

对比图 6.3(b) 和图 6.1(b)，飞行安全边界在 V 轴上的低速区域收缩明显。这主要是由于结冰使得飞机的升力减小，此时迎角较大，为弥补升力不足，会进一步增加迎角，容易导致航迹角或俯仰角超限，因此低速区域较为危险。这在图 6.3(c) 中体现得更为明显。图 6.3(c) 对应着迎角较大的区域，可见结冰后，飞机安全边界在大迎角区域收缩十分明显。这与结冰使飞机失速迎角减小的趋势是一致的。另外，在图 6.3(c) 中，结冰飞机的安全边界在 q 轴上也有明显收缩。

为更直观地分析结冰对飞行安全边界的影响，图 6.4 将结冰前后 $\alpha=9°$ 的安全边界切片渲染在同一幅图中进行对比。

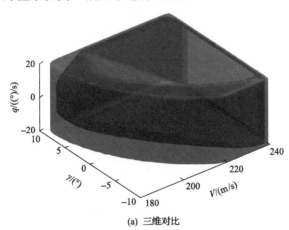

(a) 三维对比

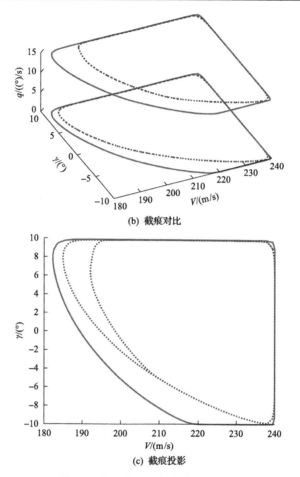

(c) 截痕投影

图 6.4　结冰前后飞行安全边界对比

　　图 6.4(a)中的红色、蓝色透明曲面分别为干净飞机和结冰飞机的飞行安全边界。可见结冰后飞行安全边界严重收缩。通过图 6.4(b)和图 6.4(c)的截痕可以更直观看出，结冰使得飞行安全边界在 V、γ 方向上收缩约 20%。可见结冰严重压缩了飞机的安全飞行空间，威胁飞行安全。

6.5　本 章 小 结

　　本章基于可达集理论和结冰飞机不确定性非线性模型研究了结冰对飞行安全边界的影响，得到以下结论：

　　(1)结冰使得飞行安全边界严重收缩。本章算例中,结冰后飞行安全集的体积收缩可达 20%。

　　(2)结冰后,飞行安全边界在大迎角区域收缩严重,主要是由于结冰使飞机的失速迎角减小,这与结冰使飞机失速迎角减小的趋势是一致的。在大迎角区域,驾驶员的不当操作容易导致飞机失速。

　　(3)结冰条件下,飞行安全边界严重收缩,因而需要驾驶员更加小心地操纵飞机,若驾驶员尚未意识到边界的收缩,则容易操作失误,导致飞行事故。

第7章 基于模糊推理的结冰飞机安全预警

7.1 引　言

许多重大飞行事故可以追溯到相似的原因：飞机超出安全边界[38,43]。结冰是导致飞机超出安全边界乃至失控的重要原因[36,44,45]。飞机结冰致灾是典型的"人-机-环"复杂系统行为[57]。驾驶员的操纵是致使飞机超出安全边界的重要因素。飞行事故的统计数据表明，驾驶员的操纵失误是大多数事故的主要原因[282]。造成驾驶员操纵失误的诸多因素中，情景感知能力的丧失是最主要的[283]。结冰条件下，飞机的安全边界将收缩。如果驾驶员缺乏对收缩的安全边界的感知，仍按正常边界操纵飞机，很可能导致飞行事故，可见研究结冰条件下的飞行安全边界，明确结冰对安全边界的影响，增强驾驶员对结冰条件下飞行安全边界的感知能力，具有重要意义。

为提高结冰条件下的飞行安全性，Bragg 等[179]提出了 SIS。SIS 通过检测结冰条件，估算结冰后飞机的气动特性，修改飞行包线和飞行控制律，启动结冰保护系统，并将相关信息提供给驾驶员，可显著增强驾驶员对结冰环境的感知能力。ICEPro 项目[182]将结冰飞机的可用边界相关信息显示给驾驶员，增强了驾驶员在结冰条件下的情景意识。

现代飞机大多已配备限制和保护系统，可在很大程度上保证飞行安全。但结冰改变了飞机的气动性能，状态变量的可用范围发生显著变化。因此，应将结冰后的安全边界和当前飞行状态实时地反馈给驾驶员。结冰飞机飞行安全预警的基本思路是通过估计结冰影响、估计飞行安全边界和状态预警，实时地评估飞行状态的安全性。

飞行安全预警根据给定的状态限制并结合飞机的气动特性和飞行实践经验，对飞行状态进行安全性评估并向驾驶员提供预警信息。飞行安全评估涉及的因素较多，且难以建立起因素与飞行安全性之间的函数关系。模糊逻辑在处理多因素复杂因果关系问题中有独特的优势。近年来，模糊综合评判方法被用于飞行安全评估[57,284-286]。该方法的主要优势是可以直接处理所有状态变量和操纵量。其主要缺点是因素等级的划分对结冰条件敏感，需要利用数据库来存储不同结冰条件下的因素等级区间[57]。

　　本章利用结冰飞机不确定性非线性模型在飞行状态空间中估计出一个安全集。据此安全集构造安全预警变量，利用模糊推理进行状态评估，实现飞行安全预警，以期为理解飞机结冰致灾机理和制定结冰条件下的防护措施提供一定的参考。

7.2　结冰飞机的安全集

7.2.1　GTM 飞机纵向不确定性非线性模型

　　GTM 飞机是 NASA 构建的用于研究飞机失控的通用运输机模型[251,252]，其纵向动力学模型可由式(7.1)描述[41]：

$$\begin{cases} \dot{V} = (F_X \cos\alpha + F_Z \sin\alpha)/m \\ \dot{\alpha} = q + (-F_X \sin\alpha + F_Z \cos\alpha)/(mV) \\ \dot{\theta} = q \\ \dot{q} = M/I_y \end{cases} \tag{7.1}$$

其中，V 为飞行速度；α 为迎角；θ 为俯仰角；q 为俯仰角速度；m 为飞机质量；I_y 为俯仰惯性矩；F_X、F_Z 和 M 由式(7.2)给出：

$$\begin{cases} F_X = \overline{q}SC_{X_T}(\alpha,\hat{q},\delta_e) + T_X - mg\sin\theta \\ F_Z = \overline{q}SC_{Z_T}(\alpha,\hat{q},\delta_e) + T_Z + mg\cos\theta \\ M = \overline{q}S\overline{c}C_{m_T}(\alpha,\hat{q},\delta_e) \\ \quad + \overline{q}SC_{X_T}(\alpha,\hat{q},\delta_e)(z_{\text{cgref}} - z_{\text{cg}}) \\ \quad - \overline{q}SC_{Z_T}(\alpha,\hat{q},\delta_e)(x_{\text{cgref}} - x_{\text{cg}}) \\ \quad + T_X(z_{\text{eng}} - z_{\text{cg}}) - T_Z(x_{\text{eng}} - x_{\text{cg}}) \end{cases} \tag{7.2}$$

其中，$\overline{q} = 0.5\rho V^2$ 为动压，ρ 为空气密度；S 为机翼参考面积；$\hat{q} = q\overline{c}/(2V)$，$\overline{c}$ 为平均气动弦长；δ_e 为升降舵偏角；g 为重力加速度；$C_{X_T}(\alpha,\hat{q},\delta_e)$、$C_{Z_T}(\alpha,\hat{q},\delta_e)$ 和 $C_{m_T}(\alpha,\hat{q},\delta_e)$ 分别为总 X 轴向力系数、总 Z 轴向力系数和总俯仰力矩系数；x_{cg}、z_{cg} 为重心 x、z 坐标；x_{cgref}、z_{cgref} 为重心参考坐标；z_{eng} 为发动机 z 坐标；T_X 和 T_Z 为发动机推力 T 在 X 方向与 Z 方向的分量：

$$\begin{cases} T_X = k_X T \\ T_Z = k_Z T \end{cases} \tag{7.3}$$

其中，k_X、k_Z 为发动机方向余弦向量的分量。各参数的取值详见 NASA 发布的 GTM 飞机开源仿真程序包 GTM DesignSim[253]。

NASA 以查找表的形式给出 GTM 的气动数据。每项气动系数都可通过对应的查找表得到，有

$$\begin{cases} C_{X_T}(\alpha,\hat{q},\delta_e) = C_X(\alpha) + C_X(\alpha,\delta_e) + C_X(\alpha,\hat{q}) \\ C_{Z_T}(\alpha,\hat{q},\delta_e) = C_Z(\alpha) + C_Z(\alpha,\delta_e) + C_Z(\alpha,\hat{q}) \\ C_{m_T}(\alpha,\hat{q},\delta_e) = C_m(\alpha) + C_m(\alpha,\delta_e) + C_m(\alpha,\hat{q}) \end{cases} \tag{7.4}$$

其中，$C_X(\alpha)$、$C_X(\alpha,\delta_e)$ 和 $C_X(\alpha,\hat{q})$ 对应于机体 X 轴的气动系数查找表，具体含义见 NASA 的 GTM DesignSim[253]；$C_Z(\alpha)$、$C_Z(\alpha,\delta_e)$、$C_Z(\alpha,\hat{q})$、$C_m(\alpha)$、$C_m(\alpha,\delta_e)$、$C_m(\alpha,\hat{q})$ 同样对应于相应的查找表。

为便于计算安全集，对与 δ_e 有关的气动数据进行多项式拟合。NASA GTM Simulink 模型提供的气动数据表涵盖了迎角 $[-5°,85°]$、升降舵偏角 $[-30°,20°]$ 范围。对于大飞机，通常在迎角 20° 以下进行飞行安全分析。因此，本章在迎角 $[-5°,20°]$ 范围内对 $C_X(\alpha,\delta_e)$、$C_Z(\alpha,\delta_e)$、$C_m(\alpha,\delta_e)$ 进行拟合。在该范围内，$C_X(\alpha,\delta_e)$ 对 α 和 δ_e 具有明显的非线性，本章将其拟合成三次多项式，而 $C_Z(\alpha,\delta_e)$、$C_m(\alpha,\delta_e)$ 可以拟合成线性函数。拟合结果如图 7.1 所示。

图 7.1 中，$C_X(\alpha,\delta_e)$ 的拟合多项式为

$$\begin{aligned} C_X(\alpha,\delta_e) = &\, 0.002758 - 0.003465\alpha - 0.008646\delta_e \\ &- 0.0596\alpha^2 + 0.19\alpha\delta_e - 0.0998\delta_e^2 + 0.0002437\alpha^3 \\ &- 0.3339\alpha^2\delta_e + 0.1538\alpha\delta_e^2 - 0.03741\delta_e^3 \end{aligned} \tag{7.5}$$

$C_Z(\alpha,\delta_e)$ 的拟合多项式为

$$C_Z(\alpha,\delta_e) = -0.005866 + 0.006732\alpha - 0.3824\delta_e \tag{7.6}$$

$C_m(\alpha,\delta_e)$ 的拟合多项式为

$$C_m(\alpha,\delta_e) = -0.01071 + 0.02324\alpha - 1.524\delta_e \tag{7.7}$$

气动系数 $C_X(\alpha)$、$C_Z(\alpha)$、$C_m(\alpha)$、$C_X(\alpha,\hat{q})$、$C_Z(\alpha,\hat{q})$、$C_m(\alpha,\hat{q})$ 不参与 $H(x,p)$ 的优化，因此不需要进行多项式拟合，仍基于气动数据表插值计算。对 $C_X(\alpha,\delta_e)$、$C_Z(\alpha,\delta_e)$ 和 $C_m(\alpha,\delta_e)$ 采用式（7.5）～式（7.7）的多项式拟合后，构建的 GTM 纵向非线性动力学模型与原 NASA GTM Simulink 模型 gtm_design 的响应曲线对比如图 7.2 所示。

图 7.2 中先将 gtm_design 配平至迎角 $\alpha_{\text{trim}} = 3°$ 的平飞状态。保持油门杆位置不变，给升降舵输入对偶脉冲指令 $\delta_{\text{ecmd}}(t)$，可得 gtm_design 的响应曲线。

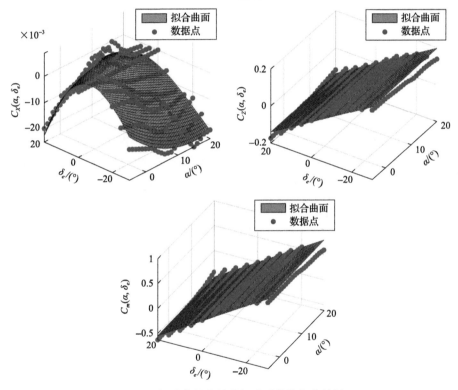

图 7.1　与升降舵有关的气动系数的拟合结果

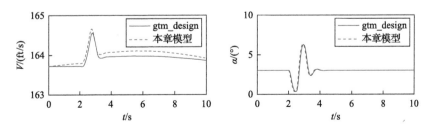

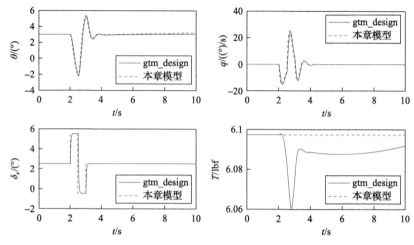

图 7.2　本章模型与 gtm_design 的响应曲线对比

1lbf=4.45N

由于高度、速度等的变化，在保持油门杆位置不变的情况下，发动机实际产生的推力有微小的变化。以 $\delta_{\mathrm{ecmd}}(t)$ 和 T_{trim} 为输入条件对系统积分，得其响应曲线。由图 7.2 可知，系统 (7.1) 与 gtm_design 的纵向动力学特性吻合较好，式 (7.5)～式 (7.7) 的拟合多项式是可行的。

基于 4.3.4 节中提出的结冰影响不确定性模型，将结冰影响因素叠加至各气动系数中，则结冰飞机的气动系数展开为

$$
\begin{cases}
C_{X_T}(\alpha,\hat{q},\delta_e) = C_X(\alpha) + C_X(\alpha,\delta_e) + C_X(\alpha,\hat{q}) + C_{X_d}d \\
C_{Z_T}(\alpha,\hat{q},\delta_e) = C_Z(\alpha) + C_Z(\alpha,\delta_e) + C_Z(\alpha,\hat{q}) + C_{Z_d}d \\
C_{m_T}(\alpha,\hat{q},\delta_e) = C_m(\alpha) + C_m(\alpha,\delta_e) + C_m(\alpha,\hat{q}) + C_{m_d}d
\end{cases}
\tag{7.8}
$$

其中，C_{X_d}、C_{Z_d} 和 C_{m_d} 为结冰影响系数，其值可基于风洞试验数据进行估计[45]。

7.2.2　GTM 飞机安全集的计算

根据可达集分析理论，飞行安全集 S 的求解可以转化为优化控制问题，具体由 HJ PDE 的黏性解得到[26,166]。本章中，飞机的状态被限制在一个矩形空间：

$$
C = [V_{\min}, V_{\max}] \times [\alpha_{\min}, \alpha_{\max}] \times [\theta_{\min}, \theta_{\max}] \times [q_{\min}, q_{\max}]
\tag{7.9}
$$

边界条件 $\phi_0(x): \mathbf{R}^3 \to \mathbf{R}$ 可取为

$$\phi_0(x) = \min\{x_1 - V_{\min}, V_{\max} - x_1, x_2 - \alpha_{\min}, \alpha_{\max} - x_2, \\ x_3 - \theta_{\min}, \theta_{\max} - x_3, x_4 - q_{\min}, q_{\max} - x_4\} \tag{7.10}$$

显然，当 $\phi_0(x) \geqslant 0$ 时 $x \in C$，当 $\phi_0(x) < 0$ 时 $x \notin C$。

除边界条件外，HJ PDE 还需要求解优化问题，得到最优解 T^*、δ_e^* 和 d^*。其中 T^* 和 δ_e^* 的作用是最大限度地让飞行状态保持在 C 内，而 d^* 则最大限度地让飞机离开 C。根据边界条件 $\phi_0(x)$ 和最优解 T^*、δ_e^* 和 d^* 得到的 S 是飞机状态在 C 中的最大控制不变集。即对任意结冰程度不确定性 $d_{\min} \leqslant d \leqslant d_{\max}$，存在可行控制 $T_{\min} \leqslant T \leqslant T_{\max}$、$\delta_{e_{\min}} \leqslant \delta_e \leqslant \delta_{e_{\max}}$，使得飞行状态始终保持在 C 内。因此，可将 S 作为飞机的飞行安全集，S 的边界即为飞行安全集边界[26,170]。

由式 (7.2) 和式 (7.8) 可知，系统方程中变量 T、δ_e 和 d 之间不存在交叉项，因此可将 $f(x, T, \delta_e, d)$ 分离为

$$f(x, T, \delta_e, d) = f_x(x) + f_T(x, T) + f_{\delta_e}(x, \delta_e) + f_d(x, d) \tag{7.11}$$

其中，

$$f_x(x) = \begin{cases} -g\sin(\theta - \alpha) + \overline{q}S\{[C_X(\alpha) + C_X(\alpha, \hat{q})]\cos\alpha \\ \quad + [C_Z(\alpha) + C_Z(\alpha, \hat{q})]\sin\alpha\}/m \\ q + \{mg\cos(\theta - \alpha) - \overline{q}S[C_X(\alpha) + C_X(\alpha, \hat{q})]\sin\alpha \\ \quad + \overline{q}S[C_Z(\alpha) + C_Z(\alpha, \hat{q})]\cos\alpha\}/(mV) \\ q \\ \overline{q}S\{\overline{c}[C_m(\alpha) + C_m(\alpha, \hat{q})] + [C_X(\alpha) + C_X(\alpha, \hat{q})](z_{\text{cgref}} - z_{\text{cg}}) \\ \quad - [C_Z(\alpha) + C_Z(\alpha, \hat{q})](x_{\text{cgref}} - x_{\text{cg}})\}/I_y \end{cases} \tag{7.12}$$

$$f_T(x, T) = T \begin{cases} (k_X\cos\alpha + k_Z\sin\alpha)/m \\ (-k_X\sin\alpha + k_Z\cos\alpha)/(mV) \\ 0 \\ \left[k_X(z_{\text{eng}} - z_{\text{cg}}) - k_Z(x_{\text{eng}} - x_{\text{cg}})\right]/I_y \end{cases} \tag{7.13}$$

$$f_{\delta_e}(x, \delta_e) = \overline{q}S \begin{cases} [C_X(\alpha, \delta_e)\cos\alpha + C_Z(\alpha, \delta_e)\sin\alpha]/m \\ [-C_X(\alpha, \delta_e)\sin\alpha + C_Z(\alpha, \delta_e)\cos\alpha]/(mV) \\ 0 \\ [\overline{c}C_m(\alpha, \delta_e) + C_X(\alpha, \delta_e)(z_{\text{cgref}} - z_{\text{cg}}) - C_Z(\alpha, \delta_e)(x_{\text{cgref}} - x_{\text{cg}})]/I_y \end{cases} \tag{7.14}$$

$$f_d(x,d) = \bar{q}Sd \begin{cases} (C_{X_d}\cos\alpha + C_{Z_d}\sin\alpha)/m \\ (-C_{X_d}\sin\alpha + C_{Z_d}\cos\alpha)/(mV) \\ 0 \\ [\bar{c}C_{m_d} + C_{X_d}(z_{cgref} - z_{cg}) - C_{Z_d}(x_{cgref} - x_{cg})]/I_y \end{cases} \tag{7.15}$$

$H(x,p)$ 相应地可分离为

$$H(x,p) = H_0(x,p) + H_T(x,p) + H_{\delta_e}(x,p) + H_d(x,p) \tag{7.16}$$

其中,

$$\begin{cases} H_0(x,p) = p^{\mathrm{T}} f_x(x) \\ H_T(x,p) = \sup_{T \in [T_{\min}, T_{\max}]} p^{\mathrm{T}} f_T(x,T) \\ H_{\delta_e}(x,p) = \sup_{\delta_e \in [\delta_{e_{\min}}, \delta_{e_{\max}}]} p^{\mathrm{T}} f_{\delta_e}(x,\delta_e) \\ H_d(x,p) = \sup_{d \in [d_{\min}, d_{\max}]} p^{\mathrm{T}} f_d(x,d) \end{cases} \tag{7.17}$$

$H_0(x,p)$ 不显含控制变量,在求最优解时不必考虑。对于 $H_T(x,p)$,将其展开为

$$\begin{aligned} H_T(x,p) = \sup_{T \in [T_{\min}, T_{\max}]} T\{&k_X[(p_1\cos\alpha)/m \\ &- p_2\sin\alpha/(mV) + p_4(z_{eng} - z_{cg})/I_y] \\ &+ k_Z[(p_1\sin\alpha)/m + p_2\cos\alpha/(mV) \\ &- p_4(x_{eng} - x_{cg})/I_y]\} \end{aligned} \tag{7.18}$$

可见 $p^{\mathrm{T}} f_T(x,T)$ 对 T 是线性的,其最优解可取为

$$T^* = \begin{cases} T_{\min}, & \{k_X[(p_1\cos\alpha)/m - p_2\sin\alpha/(mV) \\ & + p_4(z_{eng} - z_{cg})/I_y] + k_Z[(p_1\sin\alpha)/m \\ & + p_2\cos\alpha/(mV) - p_4(x_{eng} - x_{cg})/I_y]\} \leqslant 0 \\ T_{\max}, & \text{其他} \end{cases} \tag{7.19}$$

$p^T f_d(x,d)$ 对 d 也是线性的，其最优解可取为

$$d^* = \begin{cases} d_{\max}, & \begin{aligned} &\{C_{X_d}[(p_1\cos\alpha)/m - p_2\sin\alpha/(mV) \\ &+ p_4(z_{\mathrm{eng}}-z_{\mathrm{cg}})/I_y] + C_{Z_d}[(p_1\sin\alpha)/m \\ &+ p_2\cos\alpha/(mV) - p_4(x_{\mathrm{eng}}-x_{\mathrm{cg}})/I_y] \\ &+ p_4\overline{c}C_{m_d}\} \leqslant 0 \end{aligned} \\ d_{\min}, & 其他 \end{cases} \tag{7.20}$$

$H_{\delta_e}(x,p)$ 展开为

$$H_{\delta_e}(x,\delta_e) = \sup_{\delta_e \in [\delta_{e_{\min}},\delta_{e_{\max}}]} \overline{q}S\big(k_{C_X}C_X(\alpha,\delta_e) + k_{C_Z}C_Z(\alpha,\delta_e) + k_{C_m}C_m(\alpha,\delta_e)\big) \tag{7.21}$$

其中，

$$\begin{aligned} k_{C_X} &= p_1\cos\alpha/m - p_2\sin\alpha/(mV) + p_4(z_{\mathrm{cgref}}-z_{\mathrm{cg}})/I_y \\ k_{C_Z} &= p_1\sin\alpha/m + p_2\cos\alpha/(mV) - p_4(x_{\mathrm{cgref}}-x_{\mathrm{cg}})/I_y \\ k_{C_m} &= p_4\overline{c}/I_y \end{aligned} \tag{7.22}$$

为求取 $p^T f_{\delta_e}(x,\delta_e)$ 的最优值 $H_{\delta_e}(x,p)$，对 δ_e 求偏导

$$\frac{\partial(p^T f_{\delta_e})}{\partial \delta_e} = \overline{q}S\left(k_{C_X}\frac{\partial C_X(\alpha,\delta_e)}{\partial \delta_e} + k_{C_Z}\frac{\partial C_Z(\alpha,\delta_e)}{\partial \delta_e} + k_{C_m}\frac{\partial C_m(\alpha,\delta_e)}{\partial \delta_e}\right) \tag{7.23}$$

$\partial(p^T f_{\delta_e})/\partial \delta_e$ 为 δ_e 的二次函数，因此 $p^T f_{\delta_e}(x,\delta_e)$ 有两个驻点，记为 δ_{e_1}、δ_{e_2}。根据连续函数在闭区间上最值问题的规律，最优解可从集合 $\{\delta_{e_1},\delta_{e_2},\delta_{e_{\min}},\delta_{e_{\max}}\}$ 中获取，即有

$$\begin{aligned} H_{\delta_e}(x,\delta_e) &= \sup_{\delta_e \in \{\delta_{e_1},\delta_{e_2},\delta_{e_{\min}},\delta_{e_{\max}}\} \cap [\delta_{e_{\min}},\delta_{e_{\max}}]} p^T f_{\delta_e}(x,\delta_e) \\ \delta_e^* &= \arg\sup_{\{\delta_{e_1},\delta_{e_2},\delta_{e_{\min}},\delta_{e_{\max}}\} \cap [\delta_{e_{\min}},\delta_{e_{\max}}]} p^T f_{\delta_e}(x,\delta_e) \end{aligned} \tag{7.24}$$

因此，在数值实现中，可以先判断驻点 δ_{e_1}、δ_{e_2} 是否在区间 $[\delta_{e_{\min}},\delta_{e_{\max}}]$

内，然后分别计算 $p^{\mathrm{T}} f_{\delta_e}(x, \delta_e)$ 在区间内驻点处的函数值和区间端点处的函数值，其中函数值最大的点对应最优解 δ_e^*。

在数值实现中，梯度 $p = \nabla \phi(x, t)$ 是由数值方法估计的，因此存在一定的估计误差。为确保数值过程的稳定性，需要引入人工耗散项[240]，具体就是需要解决优化问题(7.25)：

$$\alpha_i(x) = \max_{p \in [\mathrm{derivMin, derivMax}]} \left| \frac{\partial H(x, p)}{\partial p_i} \right| \tag{7.25}$$

其中，$[\mathrm{derivMin, derivMax}]$ 为优化范围；i 为要优化的维度。

通常优化问题(7.25)的解是难以准确得到的，数值实现中采用近似解。当 $\alpha_{\mathrm{dim}}(x)$ 的近似值小于真实值时会引起数值过程不稳定，从而导致水平集算法失效。因此，在实现中应该使用大于其真实值的近似值。对于系统(7.1)，有

$$\alpha_i(x) \leqslant |f_{xi}(x)| + \left| \frac{\partial f_{Ti}(x, T)}{\partial T} \right| T_{\max} + \left| \frac{\partial f_{di}(x, d)}{\partial d} \right| d_{\max} + \max_{\delta_e \in [\delta_{e_{\min}}, \delta_{e_{\max}}]} f_{\delta_{ei}}(x, \delta_e)$$

$$\tag{7.26}$$

因此可以用该上界值作为 $\alpha_i(x)$ 的近似值。

确定边界条件并求得最优解 T^*、δ_e^* 和 d^* 后，可利用水平集工具箱[166]求解 HJ PDE，得到其黏性解 $\phi(x, t)$。本章将相关限制参数取为：$V_{\min} = 90\,\mathrm{ft/s}$，$V_{\max} = 120\,\mathrm{ft/s}$，$\alpha_{\min} = 0°$，$\alpha_{\max} = 15°$，$\theta_{\min} = -15°$，$\theta_{\max} = 30°$，$q_{\min} = -40(°)/\mathrm{s}$，$q_{\max} = 40(°)/\mathrm{s}$，$T_{\min} = 0\,\mathrm{lbf}$，$T_{\max} = 30\,\mathrm{lbf}$，$\delta_{e_{\min}} = -30°$，$\delta_{e_{\max}} = 20°$。飞机纵向动力学模型有四个状态变量，因此系统状态空间是四维的，解函数 $\phi(x, t)$ 定义在 $\mathbf{R}^4$ 上。为便于可视化，对解函数按 α 轴切片，$\alpha = 10°$ 的 $\phi(x, t)$ 切片如图 7.3 所示。

解函数 $\phi(x, t)$ 按 $\alpha = 10°$ 切片得到一个三维子空间，图 7.3 展示了该三维子空间的八分之一。由图 7.3 可知，解函数 $\phi(x, t)$ 的值在三维子空间中心部位取值最大，且为正值，向边沿延伸取值逐渐减小，乃至为负。正负交界处即为飞行安全集的边界，如图 7.3 中的黑色曲线所示。图 7.4 将飞行安全集边界提取了出来。

对于安全集内的状态点，总可以找到允许控制，使飞行状态保持在安全边界内。最优解 u^* 就对应了一种这样的可行控制。可以设计一种简单的切换

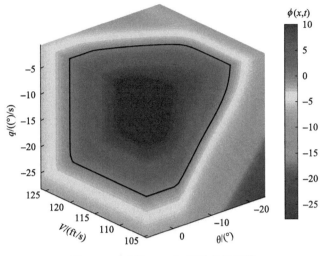

图 7.3　对应于 $\alpha = 10°$ 切片的解函数

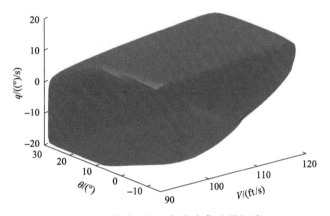

图 7.4　结冰飞机飞行安全集边界切片

策略，即当飞行状态位于安全集内部时，控制指令由驾驶员或飞控系统给出，而当飞行状态到达安全集边界时，切换为 u^* 控制[170]。在边界附近，$\phi(x,t)$ 的梯度 p 指向安全集内部，而 u^* 向着梯度方向优化。因此，u^* 控制将尽可能地使飞行状态向安全集内部运动。在安全集边界附近，必然有 $p^{\mathrm{T}} f(x,u^*,d^*) \geqslant 0$，可以据此验证安全集的正确性。在对应于 $\alpha = 10°$ 的切片中，安全集边界上状态点的 $p^{\mathrm{T}} f(x,u^*,d^*) \geqslant 0$ 值如图 7.5 中的散点图所示。与分析结果一致，图 7.5 中，安全集边界上的状态点均满足 $p^{\mathrm{T}} f(x,u^*,d^*) \geqslant 0$，这表明所得安全集结果是正确的。

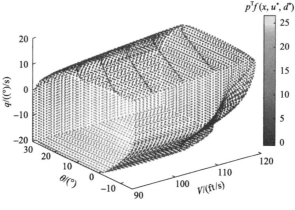

图 7.5　安全集边界的验证

　　另外，当飞行状态位于安全集内部时，如果控制不当，飞行状态也会穿出安全集边界，继而超出状态限制。当飞行状态到达安全集边界时，控制 u^* 将使轨线在边界上滑动或折回安全边界内部。将飞机配平到稳定状态 $\hat{x}=[114.9\text{ft/s}, 7.02°,$ $10.6°, 0(°)/\text{s}]$，所需发动机推力约为 9.4 lbf，升降舵偏角约为 $-0.7°$。假设系统受扰动后的初始状态为 $x_0=[115\text{ft/s}, 7.02°, -3°, 0(°)/\text{s}]$，$x_0$ 仍位于安全集内部。在发动机推力和升降舵偏角保持为配平值的情况下，x_0 的状态响应曲线如图 7.6 所示。

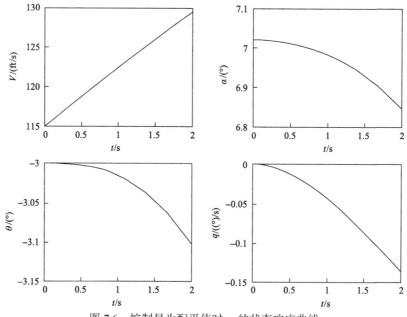

图 7.6　控制量为配平值时 x_0 的状态响应曲线

　　由图 7.6 可见，由于未采取适当的控制，系统状态由安全集内部穿出，并超出了状态限制。若在飞行状态到达安全集边界时将控制切换为 u^*，则状态曲线如图 7.7 所示。

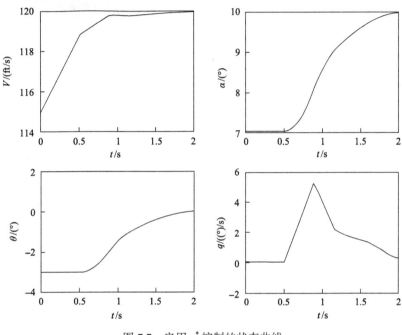

图 7.7　启用 u^* 控制的状态曲线

　　由图 7.7 可知，u^* 控制有效地避免了飞行状态超限。启用 u^* 控制产生的控制量和系统实时 $\phi(x,t)$ 值如图 7.8 所示。

　　由图 7.8 可知，在约 0.5s 时 $\phi(x,t)=0$，即飞行状态到达安全集边界，此时 u^* 控制被启用。此后 $\phi(x,t)$ 值维持在零附近，即状态轨线在安全集边界上滑动。可见 u^* 控制最大限度地将飞行状态维持在安全集内。但图 7.8 也显示

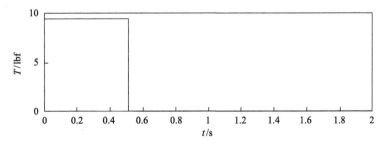

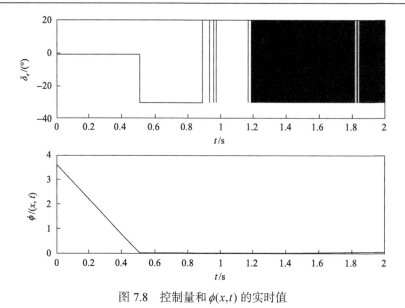

图 7.8　控制量和 $\phi(x,t)$ 的实时值

出了这种简单切换方法的不足，即控制量有剧烈的抖振，并且飞行状态轨线在安全集边界上滑动的时间较长，有被扰动而超出边界的风险。这些不足是由边界保护启动过晚造成的。本章提出的边界预警方法通过监测系统状态，实时地向驾驶员提供飞行状态的安全性信息，在系统到达边界之前就发出警告。驾驶员可根据实时的飞行安全信息进行适当操纵，以确保飞行状态不超出状态限制。

7.3　安全预警变量

HJ PDE 的解函数提供了状态点与安全集边界距离的一种度量，可以将 $\phi(x,t)$ 作为 x 到安全集边界的广义距离，定义：

$$L = \phi(x, 0) \tag{7.27}$$

$L > 0$ 表明飞机状态在安全集内，$L < 0$ 表明飞机状态在安全集之外，$L = 0$ 表明飞机状态在安全集的边界上。因此，L 的大小与飞行状态的安全程度密切相关。

控制量 u 对应着驾驶员的输入，具有一定的随机性，是决定飞机运动趋势的重要因素，对飞行安全有重大影响。事实上，控制量 u 直接影响飞行状

态向安全集边界移动的速度和加速度。L 相对于时间的变化率为

$$\dot{L} = \frac{\partial \phi}{\partial t} + \frac{\partial \phi}{\partial x^{\mathrm{T}}} \dot{x}$$
$$= -\min\{0, H(x,p)\} + \frac{\partial \phi}{\partial x^{\mathrm{T}}} f(x,u,d) \tag{7.28}$$

对于安全集内部的状态 $x \in S$，有 $H(x,p) \geqslant 0$，因此在安全集内有

$$\dot{L} = \frac{\partial \phi}{\partial x^{\mathrm{T}}} f(x,u,d) \tag{7.29}$$

式 (7.29) 具有明确的几何含义，即距离 L 的变化率等于系统状态变化率 $f(x,u,d)$ 在解函数梯度 $\nabla \phi$ 上的投影。系统向安全集边界运动的加速度为

$$\ddot{L} = \frac{\mathrm{d}}{\mathrm{d}t}\left(\frac{\partial \phi}{\partial x^{\mathrm{T}}}\right) f(x,u,d) + \frac{\partial \phi}{\partial x^{\mathrm{T}}} \frac{\mathrm{d}}{\mathrm{d}t}(f(x,u,d))$$
$$= \dot{x}^{\mathrm{T}} \frac{\partial \nabla \phi}{\partial x^{\mathrm{T}}} f(x,u,d) + \frac{\partial \phi}{\partial x^{\mathrm{T}}} \frac{\partial f}{\partial x^{\mathrm{T}}} \dot{x} \tag{7.30}$$
$$= f^{\mathrm{T}} \nabla^2 \phi f + \nabla \phi \frac{\partial f}{\partial x^{\mathrm{T}}} f$$

可见，对于结冰飞机，L、$\dot{L}$ 和 $\ddot{L}$ 综合体现了系统状态、操纵控制和结冰因素对飞行安全的影响。利用 L、$\dot{L}$ 和 $\ddot{L}$ 对结冰飞机进行安全预警，既可反映出当前系统状态的安全程度，又有一定的预判性。

7.4　模　糊　逻　辑

飞行安全性是一个具有一定模糊性的概念，适合用模糊集合描述，并且变量与飞行安全之间蕴含的因果关系较为复杂，难以用明确的函数来描述。因此本章采用模糊推理进行结冰飞机的安全预警。

模糊数学将现实世界中的概念数学化，采用隶属度函数 (membership function, MF) 来描述概念，在模糊数学中，概念由模糊集合来刻画。模糊逻辑的最大优势是将复杂的多因素推理问题转化为简单的推理规则，推理规则的调整修改十分便利，具有较高的可维护性和工程价值。

模糊综合评判方法在飞行安全评估中已有应用[57,284,285]。在模糊综合评判

方法中，首先根据先验知识，将与飞行安全有关的所有因素(状态变量与操纵量)划分成若干等级。然后根据系统的当前状态，确定每个因素的状态等级。最后利用合成规则得出综合的安全评估结果。因此，该方法对经验依赖较大，且需要存储不同结冰条件下每个因素的状态等级划分区间。该方法的优点是可以直接处理所有因素，且计算较为简单。与之不同的是，本章所用的模糊推理方法，并不直接对飞行状态和操纵量进行状态划分，而是先基于含有结冰程度不确定性、飞行状态和操纵输入的非线性模型估计出飞行安全集。在此安全集的基础上构造出飞行状态对安全边界的广义距离、速度和加速度等安全预警变量。利用这些安全预警变量进行模糊推理，实现安全预警。可见本章所提方法是基于飞行动力学机理的，而不是完全依赖经验。

7.4.1 模糊集合与模糊算子

模糊逻辑的基本概念是模糊集合[287,288]，模糊集合是一个没有明确边界的集合。模糊集合采用隶属度函数来描述元素对集合的从属关系[289]。

模糊集合定义为：给定论域 U ，从 U 到单位区间[0,1]的一个映射 $\mu_A : U \to [0,1]$ 称为 U 上的一个模糊集合，记为 $A = \{(x, \mu_A(x)) \mid x \in U\}$ ， $\mu_A(x)$ 表示元素 x 对模糊集合 A 的隶属程度，称为 MF。

模糊集合非常适用于描述含混概念，如大小、远近、危险和安全等。模糊集合的常用表示法有解析法、序偶法、Zadeh 记法和向量法[290]。

模糊关系定义为：论域 U 和 V 直积空间上定义的模糊关系 R 为

$$R = \{((x,y), \mu_R(x,y)) \mid (x,y) \in U \times V\} \tag{7.31}$$

可见，二元模糊关系是一个由二维 MF 定义的模糊集合。模糊关系可以通过合成算子结合，$U \times V$ 上的关系 R 与 $V \times W$ 上的关系 S 在取大-取小合成算子作用下合成为

$$R \circ S = \bigvee_{y \in V} [\mu_R(x,y) \wedge \mu_S(y,z)] \tag{7.32}$$

模糊蕴含[291-294]是模糊推理规则[295]中所蕴含的模糊关系。假设对于论域 U 和 V 上的模糊集合 $\mu_A : U \to [0,1]$ 和 $\mu_B : V \to [0,1]$ ，有模糊推理规则 $A \to B$ 。则该规则蕴含的模糊关系 $A \to B$ 定义为映射 $\mu_{A \to B} : U \times V \to [0,1]$ 。由一维 MF $\mu_A(x)$ 和 $\mu_B(y)$ 产生模糊蕴含的二维 MF $\mu_{A \to B}(x,y)$ 的工作由模糊蕴含算子来完成。有多种模糊蕴含算子，例如，Mamdani 取小算子[292]表示为

$$R_m = A \times B = \int_{U \times V} \mu_A(x) \wedge \mu_B(y) / (x, y) \tag{7.33}$$

7.4.2　模糊推理

　　由多个因素、指标判断出系统状态的过程是一个推理过程。因素和结论之间的关系通常是非线性的，且因素之间存在着耦合。模糊推理通过隶属度函数和蕴含算子来表达因素与结论之间的非线性关系，并通过合成算子体现因素间的耦合作用。可以构建多条单因素的推理规则，因素间的耦合作用完全由合成算子体现。这使得模糊推理系统的构建过程更加清晰、直观，具有很强的易操作性。

　　模糊推理系统(fuzzy inference system, FIS)由模糊集合、模糊算子和推理规则等组成。具有单个前件的单一推理规则通常的形式为

$$\text{if } x == A \text{ then } y = B \tag{7.34}$$

具有两个前件的单一规则的形式为

$$\text{if } x == A \text{ and/or } y == B \text{ then } z = C \tag{7.35}$$

其中，算符"=="表示关系测试；"="表示变量赋值；"and/or"为连接前件的算子；结论"$y = B$"、"$z = C$"称为后件。

　　模糊推理的过程可以分为 5 个部分：输入模糊化、连接推理规则的前件、计算模糊蕴含、合成推理规则的后件、输出去模糊化(精确化)，如图 7.9 所示。

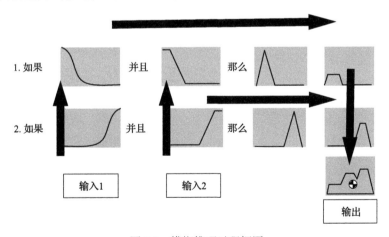

图 7.9　模糊推理过程框图

通常模糊推理系统的输入为精确量，经过模糊化后成为模糊量，即由相应 MF 定义的模糊集合。所有推理规则的后件合成后仍然是模糊集合，经去模糊化后得到推理结果的精确量。图 7.9 的每一行对应着一条推理规则，前件中的每一列对应着一个输入变量，后件是每条推理结果的模糊量。图 7.9 中采用的蕴含算子为 Mamdani 取小算子，合成算子为取大-取小算子，去模糊化采用了重心法，是典型的 Mamdani 模糊推理系统[294]。

7.5 安 全 预 警

模糊推理通过 MF 和蕴含算子来表达因素与结论之间的关系[287,291,294]。在模糊推理中，首先要对输入变量模糊化。变量 L 的值直接反映了飞行状态与安全集边界的位置关系。当 L 为正值时，表明飞行状态位于安全集内部。当 L 为负值时，表明飞行状态位于安全集外部。且 L 的绝对值越大意味着飞行状态离安全集边界越远。因此，本章采用三个模糊集合来描述变量 L：内远、临近和外远，分别表示飞行状态在安全集内部且远离边界、飞行状态临近安全集边界和飞行状态在安全集外部且远离边界。

确定 MF 的关键是确定相关形状参数。以梯形 MF 为例，其形状由函数曲线的转折点决定。可基于变量在计算网格上的取值分布来确定相关 MF 的参数。变量 L 的取值分布如图 7.10 所示。

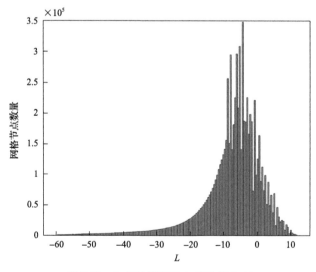

图 7.10 L 在计算网格上的取值分布

变量 L 在安全集内网格点上的取值分布如图 7.11 所示。

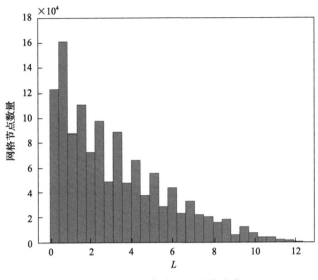

图 7.11　安全集内 L 的取值分布

考虑图 7.10 和图 7.11 中 L 的取值分布，本章将描述 L 的 MF 用图 7.12表示。

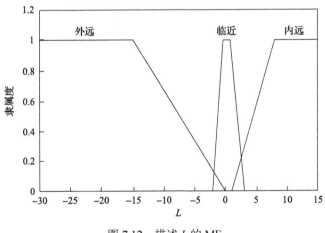

图 7.12　描述 L 的 MF

图 7.12 中的模糊集合之间有一定的交叉，这是概念本身的模糊性决定的。同时模糊集合之间的交叉有助于提高推理系统的输入输出平滑性和鲁棒

性[291]。类似地，将描述变量 $\dot{L}$ 和 $\ddot{L}$ 的 MF 用图 7.13 和图 7.14 表示。

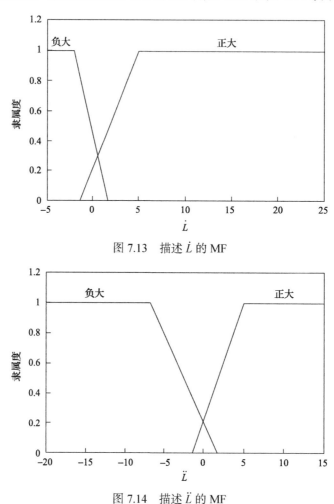

图 7.13　描述 $\dot{L}$ 的 MF

图 7.14　描述 $\ddot{L}$ 的 MF

　　基于安全集和模糊推理构建的结冰飞机安全预警系统中，L、$\dot{L}$、$\ddot{L}$ 作为模糊推理系统的输入，飞行状态的安全性变量 Y 作为模糊推理系统的输出。将飞行安全性划分为四个等级：安全、注意、警惕和危险。四个安全等级对应着四个模糊集合。对于安全预警而言，通常只需要得到系统的安全等级即可，对推理结果的去模糊化要求不高。因此，本章使用简单的三角形 MF 描述安全等级，如图 7.15 所示。

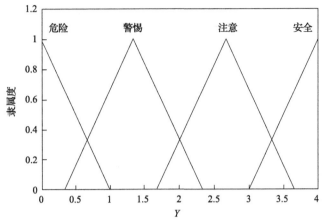

图 7.15 描述飞行安全性的隶属度函数

推理规则描述了推理系统中因素和结论之间所蕴含的因果关系[295]。因素与结论之间的非线性关系通过 MF 和蕴含算子来表达。因素间的耦合作用可以通过在推理规则的前件中使用连接算子以及对推理规则的后件施加合成算子来体现。对于结冰飞机的安全预警，本章算例中使用的推理规则为

$$
\begin{aligned}
&1. (L == 外远) => (Y = 危险)(1)\\
&2. (L == 临近)\&(\dot{L}==负大)\&(\ddot{L}==负大) => (Y = 危险)(1)\\
&3. (L == 临近)\&(\dot{L}==负大)\&(\ddot{L}==正大) => (Y = 警惕)(0.8)\\
&4. (L == 临近)\&(\dot{L}==正大)\&(\ddot{L}==负大) => (Y = 警惕)(0.5)\\
&5. (L == 临近)\&(\dot{L}==正大)\&(\ddot{L}==正大) => (Y = 注意)(0.8)\\
&6. (L == 内远)\&(\dot{L}==负大)\&(\ddot{L}==负大) => (Y = 注意)(1)\\
&7. (L == 内远)\&(\dot{L}==负大)\&(\ddot{L}==正大) => (Y = 安全)(0.5)\\
&8. (L == 内远)\&(\dot{L}==正大) => (Y = 安全)(1)
\end{aligned}
\tag{7.36}
$$

式 (7.36) 中每条推理规则后的数字代表该条规则的权重。式 (7.36) 中的推理规则及其权重的设置是粗略的，仅为演示方法的可行性。在实际使用中，对于具体型号的飞机，应当综合驾驶员和飞机设计人员的经验，并通过风洞和试飞试验对安全预警的推理规则及其权重进行更为细致的设置。式 (7.36) 中的推理规则在 MATLAB 模糊逻辑工具箱中被图形化地表示为图 7.16。

图 7.16 中每一行对应一条推理规则。规则前件中的每一列对应一个输入变量。规则后件即推理结果，是一个模糊集合。图 7.16 中采用的蕴含算子为

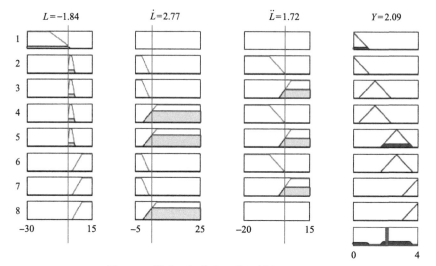

图 7.16　结冰飞机安全预警的模糊推理规则

Mamdani 取小算子，合成算子为取大–取小算子，去模糊化采用了重心法，是典型的 Mamdani 模糊推理系统[294]。基于推理规则 (7.36)，可推理出飞行状态空间中各点处的安全程度，结果如图 7.17 所示。

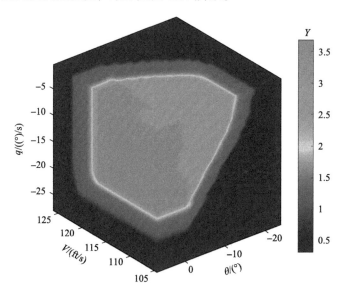

图 7.17　飞行状态空间的安全性评估

由图 7.15 中的 MF 可知，安全性变量值越大，则相应的飞行状态越安全。

图 7.17 中黑色和红色为危险区域，黄色为需要警惕的区域，青蓝色为需要注意的区域，绿色为安全区域。易知，图 7.17 中黑色和红色区域对应着图 7.3 中的安全集边界附近及外部的区域。由安全集的性质可知，飞行状态一旦进入该区域，容易因状态超限而导致事故，而安全集内部则是相对安全的区域。可见图 7.17 的安全性评估结果是合理的。

变量 L、$\dot{L}$ 和 $\ddot{L}$ 的值随飞行状态和操纵输入实时变化。推理系统可根据 L、$\dot{L}$ 和 $\ddot{L}$ 的实时值，利用推理规则得出飞机的安全等级，用于安全预警。例如，在驾驶员快速拉推杆操纵下，飞机的状态响应曲线如图 7.18 所示。

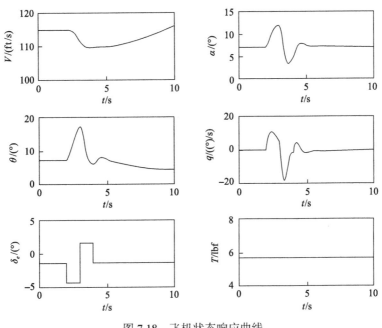

图 7.18　飞机状态响应曲线

由图 7.18 可见，快速的拉推杆操作使得飞机的迎角、俯仰角和俯仰角速度发生了大幅度变化，尤其是迎角，其变化幅度接近状态限制的边界。因此，飞行安全等级也必然会有剧烈的变化。实时安全预警输出如图 7.19 所示。

图 7.19 中用不同的颜色表示安全预警输出的安全等级。绿色、青蓝色、黄色和红色分别代表着安全、注意、警惕和危险。和预期一致，飞行状态的快速大幅度变化反映在系统的安全预警输出中，飞行安全等级一度被评估为危险，提醒驾驶员已抵近边界，可见所提预警方法的仿真结果是合理的。

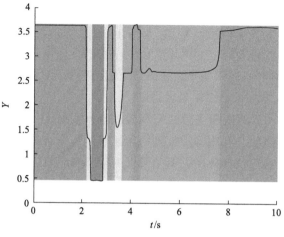

图 7.19　实时安全预警输出

　　考察飞行状态曲线，如图 7.20 所示。起初飞机处于安全的平飞状态。从第 2s 开始，由于驾驶员的猛拉杆操作，飞机的飞行速度减小，迎角、俯仰角和俯仰角速度均增大。其中迎角迅速增加，直至接近边界值。过程中飞行状态的安全性不断恶化，由安全过渡至危险。随后的推杆操作使飞机状态开始恢复，但推杆过猛，致使迎角、俯仰角速度变化过快，飞行安全性很快又变为警惕状态。在操纵杆恢复为平衡值后飞行状态才逐渐恢复为安全。预警输出结果符合飞行状态的变化规律，能很好地反映出飞行状态的安全性，是可信的。

　　进一步分析图 7.20(b)中的迎角曲线。可知，预警输出为危险的时间早于

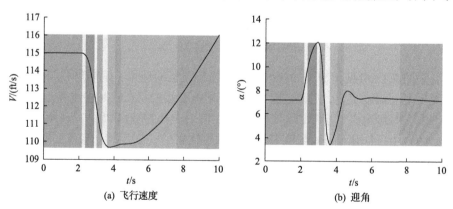

(a) 飞行速度　　　　　　　　　　　　　　　(b) 迎角

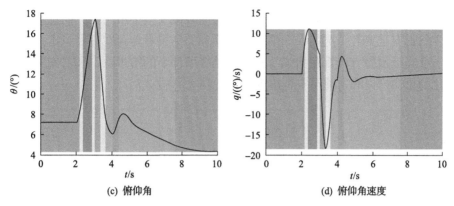

图 7.20　状态曲线与安全预警输出

迎角达到最大值的时间。这是因为本章在做安全预警时综合使用了 L、$\dot{L}$ 和 $\ddot{L}$ 变量，从而有效地综合了状态变量和控制输入的信息。预警输出中既包含了系统状态的实时信息，又能较好地预判飞行状态的运动趋势。因而本章所提的安全预警方法具有一定的预判性，这可尽早地让驾驶员感知到安全边界的临近。

7.6　本 章 小 结

本章利用非线性动力学系统安全集分析方法和模糊推理方法研究了结冰飞机的飞行安全预警。基于结冰飞机不确定性非线性模型，计算了结冰飞机的安全集，构建了飞行安全预警的模糊推理系统。可为驾驶员提供飞行安全预警信息，增强驾驶员对结冰环境的感知能力。

结冰条件下，飞行安全集严重收缩，因此需要驾驶员更加小心地操纵飞机，若驾驶员尚未意识到边界的收缩，则容易操作失误，导致飞行事故。因此，必须增强驾驶员对结冰环境的感知能力和对飞行安全的预判能力。

飞行安全预警是一个多变量耦合的推理过程。基于飞行安全集构造的广义距离、速度和加速度等变量体现了系统状态、结冰因素以及驾驶员操纵输入对飞行安全的影响，既可反映出当前系统状态的安全程度，又对飞行安全有一定的预判性。

结冰程度不确定性变量能反映出结冰程度探测结果的不确定性，降低了对结冰探测精度的敏感性。另外，在计算飞行安全集时，结冰程度不确定性变量向着使飞行状态超限的方向优化，即向着使安全集最小的方向优化。因此，所得安全集有一定的保守性，模糊推理的结果可能存在虚警。本章所提的飞行安全预警方法旨在增强驾驶员在结冰条件下的情景意识和对安全边界变化的感知，提醒驾驶员安全边界的临近。

第8章 结冰飞机安全预警与操纵
指引系统设计及初步实现

8.1 引　言

众多与结冰有关的飞行事故使各航空强国均非常重视结冰飞机的飞行安全，在相关规章中均有对结冰飞机安全性的明确要求。《美国联邦航空规章》第25部多次通过修正案的形式加强对飞机防/除冰系统和结冰飞机性能的要求。此外，FAA 在其他相关航空规章中给出了结冰飞机的操纵要求和建议[110]。欧洲适航标准中也对飞机在结冰条件下的安全保障措施给出了明确的要求。《中国民用航空规章》第25部对民用运输类飞机在特殊气象条件下带冰飞行的安全性有明确而严格的规定。

飞机在结冰条件下最普遍的遭遇是飞机的飞行性能及飞行品质严重下降。前面章节的研究结果表明，结冰将使得飞机的稳定域和安全集明显缩小，飞机的抗干扰能力减弱。这些都使得安全操作飞机变得困难，驾驶员的工作负荷将明显增加。所有这些因素耦合在一起，使飞机发生事故的可能性增加，严重威胁飞行安全。目前，满足适航条件的飞机大多是通过防/除冰系统消除飞机上的结冰来降低结冰危害。出于成本的考虑，通常只在翼面前缘、发动机进气口、重要的大气数据传感器等关键部位配备防/除冰装置，并且防/除冰系统通常是间歇性工作的。因此，防/除冰系统并不能完全消除结冰的影响，带冰飞行是无法避免的，还应通过安全辅助手段确保结冰飞机的飞行安全。

一种有效的方案是增强驾驶员在结冰条件下的情景意识和操纵应对能力，实时地对飞行状态进行安全评估，在接近安全边界时向驾驶员报警并提供一定的操纵提示。结冰飞机的安全边界有多重含义，以安全集为例，安全集边界是由多个飞行状态变量共同决定的超曲面，各个状态的边界值在飞行状态空间中的不同位置是不同的。因此，关键飞行参数(如空速、迎角等)的安全边界值在显示时是随飞行状态变化的，需要使用较为灵活的显示方案。HUD作为一种便捷、灵活的飞行辅助仪器，能够迅速、高效地将重要信息推送给驾驶员，且具有很强的扩展性，有效地提高驾驶员的情景意识和情景感知能力，显著提高飞行安全。因此，国内外相当重视 HUD 技术，开展了大量的应用研究[296-299]。2012 年，中国民用航空局在《平视显示器应用发展路线图》中将中国民航 HUD 应用分为三个阶段，指出到 2025 年国内的航空器都应配备 HUD[300]。为此本章将基于 HUD 设计结冰飞机的安全预警和边界保护操纵指引显示系统。

在结冰飞机稳定域和安全集研究的基础上，本章对结冰飞机的安全辅助系统进行探索研究，旨在构建结冰飞机安全预警和操纵指引一体的安全辅助系统。在不增加驾驶员工作负担的前提下，给驾驶员提供直观的告警和指引信息，辅助驾驶员安全地操纵飞机。

8.2　结冰飞机安全预警与操纵指引系统设计

现代飞机基本都配有特定的边界保护系统，如迎角限制器、过载限制器等。这些限制器有效地抑制了气流扰动或驾驶员误操作可能带来的不良后果，从而在接近限制边界时，驾驶员不必过多地关注飞机状态，减轻了驾驶员的负担，提高了飞行安全性。例如，迎角限制器将迎角限制在设计阶段预置的安全范围内，确保飞机正常飞行时有较强的稳定性，同时防止大气紊流或驾驶员猛烈操纵引发失速[301]。当然，这些控制器的饱和功能并不能完全避免飞行状态超过边界。

在结冰条件下，由于气动性能的恶化，飞机的可用边界通常会缩小，如失速迎角减小。因此，若驾驶员仍按干净外形情形的可用边界来操纵飞机，且飞控系统未针对结冰修正边界限制值，则飞机有可能在未发出失速报警的情况下就已经进入了失速区，造成严重的飞行事故，如 1997 年美国密歇根州的 EMB-120RT 事故和 2004 年我国内蒙古的 CRJ-200 事故。鉴于此，部分机型的保护系统针对结冰对飞机的可用边界进行了修正，但这种设计理念极大地限制了驾驶员在需要时使用真实的可用范围的能力，并且适航规章中规定的最严重结冰情形也并非现实环境中最严重的，飞机可能遭遇更加严重的结冰条件。因此，在结冰条件下，飞机真实可用边界必须根据结冰条件来确定。

对于安全边界保护而言，关键是采取保护措施的时机。在适当的时机提醒驾驶员边界的临近，并给驾驶员提供操纵指引是避免飞机超出安全边界的关键。为此，本章设计一种结冰飞机安全预警与操纵指引方案，即首先根据飞机的结冰信息确定当前情形下的安全边界，然后根据安全边界和飞机的实时运动信息对飞机进行安全预警,当飞机处于较危险的安全等级时(在到达安全边界前)向驾驶员提供报警信息和操纵指引。

　　孤立地限制飞机的某些状态参数无法全面地反映出飞机的可用边界。因此,本章将使用多维的安全边界来描述飞机的可用边界。本书使用的多维安全边界确定方法计算量较大,在线计算安全边界非常困难。因此,本章采用数据库驱动的方案,以数据库的方式将离线计算的安全边界存储下来以供在线使用,系统总体结构如图 8.1 所示。

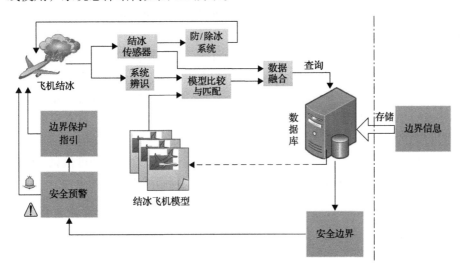

图 8.1　基于数据库的结冰飞机安全预警与操纵指引系统结构示意图

　　结冰飞机安全预警与操纵指引系统结构示意图如图 8.1 所示。该系统由一个离线的数据库驱动,数据库中存有不同冰形、不同结冰程度下飞机的安全边界。当传感器检测到结冰时,系统首先要探测出冰形和结冰程度,这里结冰条件的探测是通过结冰传感器和飞机动力学模型辨识两路信息融合得到的。结冰传感器将冰形、结冰位置、结冰厚度等信息送至结冰估计模块,产生结冰信息的粗略估计。同时,飞机的运动信息被送到系统辨识模块以辨识出飞机气动特性的变化,有许多出色的方法可以实现此功能[302-305]。根据飞机气动特性的变化,结合结冰条件的估计信息,可进一步获得较为准确的结冰信息。根据所得结冰信息在数据库中查询飞机在当前结冰条件下的安全边界,然后系统基于此边界进行安全预警和操纵指引。综上可知,结冰飞机安全预警与操纵指引系统需要实现的主要功能有结冰飞机安全边界数据库建立、结冰参数探测、安全预警和边界保护指引。

数据库中应涵盖尽可能多的冰形和结冰程度情形，因此结冰风洞试验和数值模拟方法应该作为建立数据库的主要手段。关于冰形的分类国内外已有大量的研究。例如，Bragg 等在前人工作的基础之上，按照冰形的几何特性，深入研究了四种冰形：粗糙冰、角状冰、流向冰和展向冰[73]。结冰参数的探测主要有直接法和间接法[306,307]。直接法，即直接利用各种传感器探测结冰的位置、程度等数据[308,309]。间接法则根据飞机的运动状态辨识出结冰参数[310]。直接法与间接法可以相互补充，Bragg 等在 SIS 中就提出过可将这两种方法融合的思路。

数据库中存储的安全边界信息应能全面地反映飞机的可用边界，可包含飞行包线、稳定域和安全集等。由第 3 章可知，稳定域和安全集都可以用 HJ PDE 的黏性解描述，因此便于数据存储和数值计算。安全预警和操纵指引需要度量当前飞行状态与安全边界之间的距离。以安全集为例，安全集是由定义在系统状态空间中的实值函数（即 HJ PDE 的黏性解）描述的。因此，基于安全集可以较容易地构造出度量系统状态与安全集边界间距离的变量。例如，在第 6 章中，直接将 HJ PDE 的黏性解作为系统状态与安全集边界之间的广义距离，如图 8.2 所示，并进一步考虑了飞行状态向安全集边界运动的速度和加速度信息，构造相应的广义速度和加速度变量，能更加及时地预判结冰飞机的安全性。

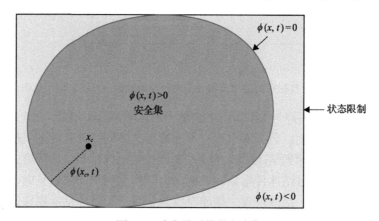

图 8.2　动力学系统的安全集

8.3　基于 HUD 的结冰飞机安全预警与操纵指引初步实现

本节探索将结冰飞机的安全边界与 HUD 结合，为驾驶员提供简洁而必要的提示信息。在充分参考现有 HUD 显示方案的基础上，初步实现安全边界显示模块、安全预警模块和边界保护指引模块。

图 8.3 是一种典型的 HUD 显示方案,涵盖了空速表、姿态仪、高度表、航向仪等功能。其中,空速表显示于整个 HUD 的左侧,指示当前空速,并配有指示最小空速的滑块。横滚刻度和指针位于 HUD 的上部,其中的空心三角形指示当前横滚角。横滚刻度的下方是俯仰刻度,分布在地平线的两侧,上方的实线对应正的俯仰角,下方的虚线对应负的俯仰角。地平线上还标有航向刻度,每 10°一个刻度标记。最下方是扇形的航向刻度和指针,指示当前航向。HUD 的右侧是高度表,指示飞机当前高度。本节将在此 HUD 显示方案的基础上设计结冰飞机的安全边界和操纵指引显示系统。

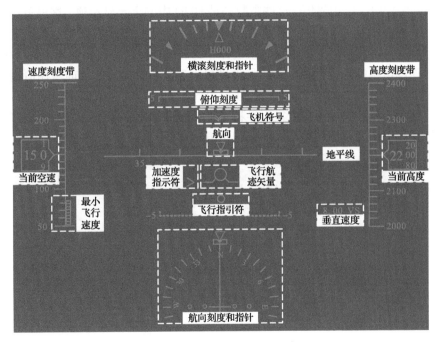

图 8.3　典型的 HUD 显示方案

8.3.1　安全边界显示模块

本章以安全集边界为例进行实现。由第 7 章的内容可知,安全集边界是由多个飞行状态变量共同决定的超曲面,而 HUD 只能将信息投射到二维平面上,且主流 HUD 显示方案都是单独显示关键飞行状态参数的。为此需要从多维的安全集边界中提取出关键飞行参数的限制值,显然这些限制值是随飞行状态的变化而变化的。在数据库中，飞行安全集是由实值函数 $\phi(x,t)$ 描述的，安全集边界对应于 $\phi(x,t)$ 的零值水平集，$\phi(x,t)$ 为正的部分对应于安全集的内部。飞行状态脱离安全集边界的临界点取决于状态的变化率矢量，即 $\dot{x}$，而状态变化率取决于当前飞行状态和驾驶员的操纵输入。因此，可在状态变化率矢量方向上确定飞行参数的限制值。具体方法是，首先求出当前飞行状态点且方向为 $\dot{x}$ 的直线。然后求出该直线与安全集边界的交点，这可通过在该直线上进行二分搜索来实现。最后将交点处状态变量的值作为边界值，通过比较当前值与边界值的大小来确定是上界值还是下界值。

　　以飞机纵向为例，由第 7 章可知，从安全集边界中可以确定出飞行速度、迎角、俯仰角等的边界值。这些参数都是 HUD 中的重要显示项，这里重点论述其边界显示方法。对于飞行速度，图 8.3 所示 HUD 显示方案中已有速度限制的滑块，因此只需要根据安全集边界和当前飞行状态实时地更新最大/最小飞行速度滑块的位置即可。在飞行速度接近速度边界值时，当前空速值边框将闪烁以示警告。如图 8.4 所示，迎角边界值的显示放在俯仰角刻度的右上角。迎角限制滑块根据安全集边界和当前飞行状态实时地更新最大可用迎角。当迎角接近最大可用迎角时，当前迎角值边框将闪烁。

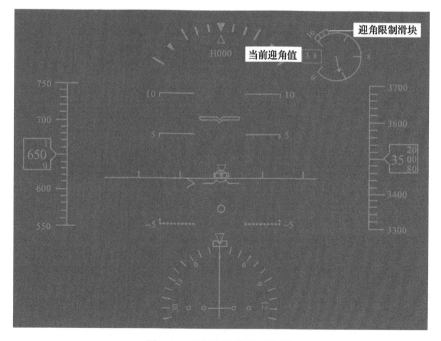

图 8.4　迎角边界值显示方案

如图 8.5 所示，俯仰角的边界值显示在飞机符号的右侧，当俯仰角接近边界值时，相应的边界值将闪烁。

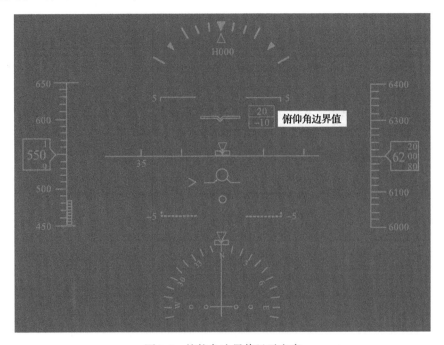

图 8.5　俯仰角边界值显示方案

8.3.2　安全预警模块

结冰条件下，安全边界严重收缩，需要驾驶员更加小心地操纵飞机，若驾驶员尚未意识到边界的收缩，则容易操作失误，导致飞行事故，因此必须增强驾驶员情景意识和对飞行安全的预判能力。以基于安全集边界的安全预警为例，由第 6 章可知，预警系统根据当前飞行状态与安全集边界的广义距离、速度和加速度对飞行状态进行实时的安全评估，得出飞行状态的安全等级，以提示飞行状态脱离安全集边界的风险程度。可见安全预警模块涉及的信息众多，如当前飞行状态与安全集边界的广义距离、速度和加速度等。HUD 显示界面有限，且过多的信息会加重驾驶员的负担，因此这里将隐藏安全预警模块的工作过程，中间数据信息均不予显示。仅当飞机安全等级评估为警惕或危险时，在 HUD 的横滚刻度和俯仰刻度之间闪烁地显示"Approaching Envelope"信息，如图 8.6 所示，以提醒驾驶员飞机超出安全边界的风险较高。此时驾驶员应重点关注安全边界显示模块的数值，谨慎地操纵飞机。

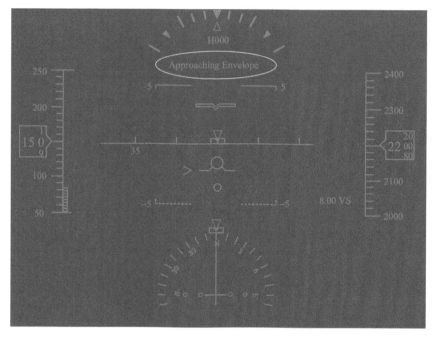

图 8.6　安全预警信息显示方案

8.3.3　边界保护操纵指引模块

飞机上现有的姿态指引指示器以"十"字形指针或"八"字形指针的形式指示驾驶员修正俯仰和横滚的方向及程度，极大地减轻了驾驶员输入分析的负担，减小了驾驶员误操作的风险。在结冰条件下，飞机的可用边界缩小，飞机性能也有所恶化，这些变化加重了驾驶员的驾驶负担。因此，根据飞机的安全边界给驾驶员提供一定的操纵指示，对于提高结冰条件下的飞行安全性具有重要的现实意义。

以安全集边界为例，在数据库中，飞行安全集是由实值函数 $\phi(x,t)$ 描述的，$\phi(x,t)$ 为正的部分对应于安全集的内部。当飞行状态接近安全集边界时，驾驶员应操纵飞机使其向安全集内部运动，即令 $\phi(x,t)$ 值增大。对于实值函数 $\phi(x,t)$，梯度方向是其函数值增大最快的方向，因此可以采用 $\phi(x,t)$ 的梯度方向来产生边界保护指引。具体方法是，在 8.3.1 节中设计的安全边界显示模块上加上指引箭头。如图 8.7 所示，箭头的方向指示相应参数的调整方向（即增大或减小），箭头的长度表示相应参数需要的调整程度。实现中，首先求出当前飞行状态点处 $\phi(x,t)$ 梯度向量在各状态变量坐标轴上的投影。投影为正意味着驾驶员应通过适当操纵使该参数增大，投影为负则相反。各坐标轴上投影分量的相对大小代表着相应参数所需调整量的相对大小。投影分量越大表明相应参数需要较大幅度地增大/减少。当飞行状态逐渐远离安全边界向安全集内部运动时，指引箭头的长度会逐渐变短，直至飞机到达安全状态时，指引箭头消失。

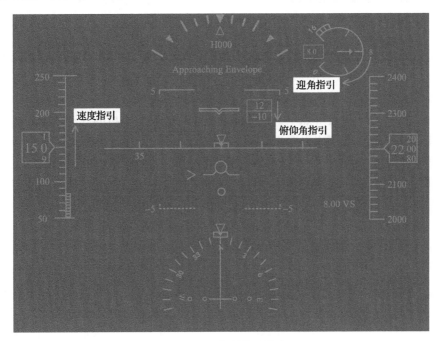

图 8.7　边界保护指引方案

8.3.4　初步实现结果

本节在飞行模拟器平台上对结冰飞机安全预警与操纵指引进行初步实现。飞行模拟器平台如图 8.8 所示，该平台由飞行动力学仿真节点、视景显示节点、仪表显示节点、HUD 显示节点、数据库节点等组成，节点之间通过用户数据报协议（user data protocol, UDP）进行数据传输。

　　　(a) 飞行模拟器驾驶舱与视景　　　　　　　　　　(b) 驾驶舱中的HUD

图 8.8　飞行模拟器平台

　　飞行动力学仿真节点基于 MATLAB/Simulink 实现,该节点根据当前飞机的气动数据(以查找表的形式存储)和当前结冰程度解算出飞机的运动状态。对于模拟器环境,结冰程度是人工设置的,在模拟飞行的过程中可以随时改变。飞行动力学仿真节点中,结冰的影响直接体现在飞机的气动数据表的变化上。每当设置的结冰程度改变时,结冰影响估算程序就会利用第 2 章中的结冰影响修正模型对飞机的气动数据表进行修改。基于本书所提的结冰飞机不确定性模型,所设置的结冰程度是一个区间范围而不是确定值。在使用修正后的结冰影响模型时,将结冰程度严重性取为所设置区间的中心值。

　　飞行动力学仿真节点将解算出的飞行状态数据发送给视景显示节点、仪表显示节点、HUD 显示节点等。在数据库节点中存储了某型飞机在不同结冰程度下的安全边界数据。HUD 显示节点中包含安全边界显示、安全预警和操纵指引等模块。该节点根据当前飞行状态和结冰程度,从数据库结冰中查询获得当前飞机的安全边界,然后将安全边界和操纵指引信息投射到 HUD 上。

　　设置结冰程度 $D = [0.2, 0.35]$,将飞机配平至空速为 450km/h、高度为 2.2km。添加阵风扰动,飞机状态被扰动至接近安全边界,安全预警系统报警,操纵指引系统给出操纵提示,如图 8.9 所示。

　　图 8.9 中显示当前空速为 250km/h,当前迎角为13.9°,而当前安全边界对应的速度限制滑块的上端对应值约为 220km/h,迎角限制滑块右端对应值约为13°。可见飞机已经进入飞行安全边界的危险区,此时安全预警系统对飞行状态的评估为"危险"等级,HUD 上"Approaching Envelope"告警信息一直闪烁。显然此时飞机速度过低,迎角过大,使飞机安全的操纵是增大速度,减小迎角。图 8.9 中指引系统给出的操纵提示方向是合理的。图 8.9 中的操纵

(a) 座舱中HUD与视景   (b) HUD特写

图 8.9 安全预警与操纵指引在飞行模拟器上的初步实现

指引提示此时应该使飞机低头并增加发动机推力。推杆并增加油门，得到飞机的实时动态曲线和预警输出，如图 8.10 和图 8.11 所示。

图 8.10 和图 8.11 中，0~1s 飞机状态被扰动到接近安全边界，其中迎角持续增加，空速减小，飞机接近失速，此时安全预警系统对飞行状态的评估为"危险"（红色）。按操纵指引提示使飞机低头并增加发动机推力，即推杆并增加油门，持续约 4s 后，飞机进入安全区域，飞行状态评估为"安全"（绿色）或"注意"（青蓝色）。可见操纵指引系统给出的操纵提示是合理的。

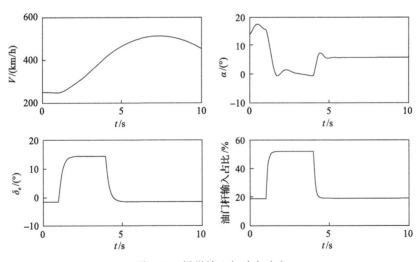

图 8.10 操纵输入与动态响应

油门杆输入占比表示当前油门杆输入量占最大油门量的百分比

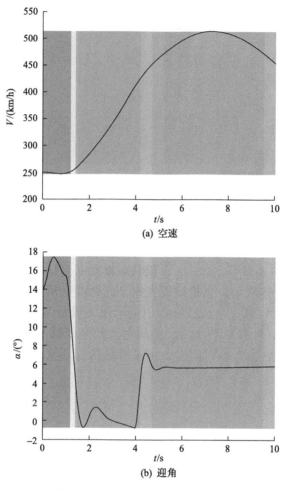

图 8.11　实时动态曲线和预警输出

8.4　本 章 小 结

  本章对结冰飞机的安全预警和操纵指引进行了研究，提出了一种数据库驱动的结冰飞机安全预警与操纵指引系统，并对其中的功能模块进行了分析和设计。HUD 是一种具有极强扩展性的飞行辅助仪器，可显著提高飞行安全性。本章研究了基于 HUD 的结冰飞机安全预警与操纵指引显示方案，设计了安全边界显示模块、安全预警模块和边界保护指引模块，并以安全集边界为例说明了初步的实现方案。最后在模拟器平台上进行了初步的实现和验证。结果表明所提方案有助于提高驾驶员在结冰条件下的情景意识和操纵应对能力。同时，结冰飞机的安全预警和操纵指引是一个全新的课题，本章仅对相关技术进行了初步的探索实现，还需在后续研究和系统开发中进一步完善。

第9章　总结与展望

随着我国航空工业的发展，航空运输必将在民用和军事领域发挥更大的作用。航班的增加使飞机在飞行中遭遇结冰环境的情况增多。在结冰条件下，飞机的气动性能和操稳品质会整体下降，飞机的安全边界收缩，这将严重影响飞机的运输能力，甚至引发重大的飞行事故。鉴于飞机结冰对航空运输业的重大影响，世界各国对飞机结冰防护技术非常重视。系统地开展飞机结冰安全防护相关基础问题的研究具有紧迫的现实意义和深远的科学意义。

本书对结冰条件下飞机安全边界确定方法及应用进行了研究。本书针对结冰飞机大迎角区域的气动特性，在风洞试验数据的基础上，对现有结冰影响估算模型进行了修正。针对结冰条件的时变性、结冰探测结果的不确定性和结冰影响规律的复杂性，提出了结冰飞机的不确定性非线性模型。对结冰飞机安全边界的多重内涵进行了阐述，重点研究了基于稳定域和安全集确定结冰飞机安全边界的方法，对稳定域和安全集各自适用的情形进行了阐述。针对稳定流形的曲率在全局范围内有显著变化的事实，提出了一种计算稳定流形的自适应推进算法。推导了稳定域和可达集之间的关系，并据此提出了一种基于 HJ PDE 稳定域估计算法。提出利用稳定域量化分析了结冰对飞机纵向稳定性的影响。基于结冰飞机的不确定性非线性模型计算了结冰飞机的安全集，研究了结冰对飞行安全的影响。推导了飞行状态相对于安全集边界的广义距离、速度和加速度等预警变量。构建了飞行安全预警的模糊推理系统，对飞行状态的安全性进行评估，并将信息显示给驾驶员。最后将所提的安全边界确定方法集中呈现在基于数据库和 HUD 的结冰飞机安全预警与操纵指引系统中，以期为构建结冰飞行安全预警和操纵指引策略提供理论和方法支持。

9.1　主要研究工作和结论

本书的主要研究工作及结论如下。

(1)结冰飞机的非线性动力学建模。根据飞行试验和风洞试验数据，分析了结冰飞机在大迎角区域的空气动力学特性，据此对现有结冰影响估算模型在大迎角区域的参数进行了修正，并对结冰飞机的动力学特性进行了仿真分析。考虑到结冰条件的不断变化、准确探测结冰信息的困难性和结冰影响规律的复杂性，提出了一种考虑结冰程度不确定性的结冰飞机非线性模型，并将该模型用于分析结冰飞机的安全集。

（2）结冰飞机安全边界确定方法。讨论了结冰飞机安全边界的多重内涵，重点研究了基于稳定域和安全集确定结冰飞机安全边界的方法。指出了稳定域和安全集各自的适用情形和所重点关注的风险隐患。对求解稳定域的显式方法和隐式方法进行了讨论，分析了两类算法各自的优缺点。针对非线性系统稳定流形的曲率在全局范围内有显著变化的事实，提出了一种二维稳定流形自适应推进算法。该算法对流形曲率具有全局自适应性，能根据稳定流形的曲率自适应地调整网格计算单元的尺寸，因而能持续有效地计算全局稳定流形。对用于安全验证与预测的可达集理论进行了介绍，重点讨论了安全集的含义、计算方法和涉及的相关函数。推导了可达集和稳定域之间的关系，并据此设计了一种估计稳定域的隐式算法。该算法使用 HJ PDE 的黏性解来表示和迭代出稳定域的估计。所得结果便于数值计算和数据库存储。基于 HJ PDE 产生的稳定域的估计值始终包含在真实稳定域的内部，每次迭代会产生一个更大的稳定域估计，且随着演化时间的增加，估计值逐渐趋近于真实的稳定域。

（3）利用稳定域量化分析结冰对飞机纵向稳定性的影响。采用稳定流形方法和 HJ PDE 方法求解出飞机的纵向动力学稳定域。通过对背景飞机稳定域的计算验证了这两种方法的有效性。通过对比结冰条件下纵向动力学稳定域的变化，分析结冰对飞行安全的危害。研究结果表明，结冰使得飞机升力系数减小，失速迎角提前，俯仰力矩曲线斜率增大，导致纵向动力学稳定域明显收缩，因而需要驾驶员更多地干预飞行任务，若驾驶员尚未意识到结冰的影响，则容易操作失误，导致飞行事故。

（4）结冰飞机的安全边界分析。利用安全集研究了结冰对飞机安全边界的影响。将结冰程度不确定性变量引入可达集分析理论，通过求解 HJ PDE 构建综合考虑结冰、多状态变量和操纵控制量的多维安全边界。最后通过对比结冰飞机与干净飞机的安全飞行边界，分析结冰的影响和危害。在本书的结冰条件下，稳定域在俯仰角速度方向上收缩约 20%，稳定边界处的最大迎角减小约 1°，边界处的最大俯仰角减小约 8°。仿真结果表明，结冰使得飞行安全边界严重收缩，安全边界在大迎角区域收缩明显。驾驶员的不当操作容易导致飞机超出安全边界,进而引发飞行事故。

(5)结冰飞机的安全预警。将结冰飞机的安全预警抽象成一个多变量耦合的推理过程,基于结冰飞机不确定性非线性模型,计算了飞行安全集,推导了广义距离、速度和加速度等预警变量,构建了飞行安全预警的模糊推理系统。所构建的预警变量综合体现了系统状态、结冰因素以及驾驶员操纵输入对飞行安全的影响。因此既可反映出当前系统状态的安全程度,又对飞行安全有一定的预判性。安全预警系统对飞行状态的安全性进行评估,并将评估结果显示给驾驶员。该方法有助于增强驾驶员在飞机结冰条件下的情景意识和操纵应对能力。

(6)结冰飞机安全预警与操纵指引系统设计与初步实现。提出了一种基于数据库的结冰飞机安全辅助系统,并对其中的功能模块进行了阐述。讨论了基于 HUD 的结冰飞机安全预警与操纵指引显示方案,阐述了安全边界显示模块、安全预警模块和边界保护操纵指引模块的实现方法。最后在模拟器平台上进行了初步的实现和验证。

本书在前人工作的基础上,对结冰飞机安全边界的确定及应用进行了新的探索和尝试,可为构建结冰飞机智能安全预警和操纵指引系统提供参考。

9.2　主要创新性工作

本书的研究工作具有以下五个方面的创新。

(1)提出了一种考虑不确定性的结冰飞机非线性建模方法,提高了对结冰飞机中存在的时变性和不确定性问题的描述能力。

以往在基于结冰影响模型研究结冰危害时大多将结冰程度作为确定性变量。通过改变结冰程度参数的具体值来研究不同程度结冰对飞机的影响和危害。然而由于结冰条件的时变性、探测和量化结冰信息的困难性等问题,仅使用确定性的模型研究结冰飞机的安全问题是不充分的。本书在现有结冰影响模型的基础上,将结冰程度作为不确定性变量,提出了一种考虑不确定性的结冰飞机非线性建模方法。结冰程度不确定性变量能在一定程度上反映出结冰飞机中的时变性和不确定性等问题。

(2)提出了计算稳定流形的自适应推进算法,提高了稳定流形的全局计算精度。

针对现有稳定流形(不变流形)算法未能充分利用流形的曲率信息对计算

过程进行动态调整的问题，本书提出了一种计算稳定流形的自适应推进算法。该算法能根据流形的曲率对流形网格尺寸进行动态调整，可适应稳定流形曲率在全局范围内的变化。在经典的 Lorenz 流形算例中，随着流形螺旋部分曲率的增大，该算法使用的网格单元尺寸逐渐自适应减小，因此可以持续有效地计算下去。而全局统一单元尺寸将导致计算精度下降。在螺旋半径接近全局统一尺寸的极端情况下，全局统一单元尺寸的方法将失效。可见，相较于全局统一单元尺寸的方法，该算法可以持续、高质量地计算全局流形。

(3) 针对非线性系统平衡点结构复杂的特点，提出了基于 HJ PDE 估计稳定域的算法，解决了计算稳定域时研究系统平衡点的困难。

本书推导了稳定域和可达集之间的关系。在此基础上提出并实现了一种基于 HJ PDE 稳定域的估计算法。该算法使用 HJ PDE 的黏性解来表示和迭代产生稳定域的估计。随着迭代的持续，产生的稳定域估计将收敛于稳定域的真实值。该算法中，稳定域及其边界被一个定义于状态空间上的实值函数描述。可很容易通过该实值函数的符号判断状态点是否属于稳定域内。并且状态点处的函数值本身可用于度量状态点到稳定域边界的距离。因此，HJ PDE 给出的稳定域描述形式便于数据库存储和数值计算。

(4) 提出了基于稳定域研究结冰对飞机稳定性影响的方法，提高了对结冰飞机非线性动力学稳定性的量化能力。

目前关于结冰对飞机稳定性影响的研究主要集中在对静稳定性系数和模态特征根的分析上。静稳定性系数和模态特征根能在一定程度上表征飞机本体的固有稳定性。然而其研究过程中把气动系数和动力学方程都线性化了。分支突变理论可基于非线性模型研究飞机的稳定性。但该方法不能直接给出飞行状态空间中平衡状态的稳定范围。稳定域本身是稳定性的量化，直接在状态空间中给出具体稳定范围。飞机的稳定域表征了飞机稳态飞行时抵抗外部扰动的能力。稳定域越大表明飞机抗干扰能力越强。可以通过对比结冰条件下稳定域在各状态变量方向上的变化来量化研究结冰对飞机稳定性的影响。

(5) 提出了基于安全集和模糊推理的结冰飞机安全预警方法，提高了驾驶员在结冰条件下的情景意识和对安全边界变化的感知能力，设计并初步实现了结冰飞机安全预警与操纵指引系统。

飞机结冰致灾是典型的"人-机-环"复杂系统行为。增强驾驶员在结冰条件下的情景意识，让驾驶员感知到飞行安全边界的变化和邻近对于提高飞行安全性具有重要意义。目前飞机上配备的限制和保护系统大都采用固定的参数边界限制。但结冰改变了飞机的气动性能，状态参数的可用范围发生显著变化。考虑到结冰条件的时变性、结冰信息探测的困难性和结冰影响规律的复杂性，本书基于结冰飞机不确定性非线性模型计算安全边界，并基于安全边界构造广义距离、速度和加速度等预警变量，建立安全预警模糊推理系统。所构建的预警变量体现了系统状态、结冰因素以及驾驶员操纵输入对飞行安全的影响，既可反映出当前系统状态的安全程度，又有一定的预判性。设计并初步实现了结冰飞机安全预警与操纵指引系统。提出了将所得安全边界投射到 HUD 上的实现方法，具体设计了安全边界显示模块、安全预警模块和边界保护操纵指引模块，并在模拟器平台上进行了初步的实现和验证。

9.3　研究展望

飞机结冰是长期困扰航空工业的环境因素，尽管现代飞机大都配有防/除冰系统，但由于结冰影响的复杂性，其所引发的飞行事故仍时有发生。本书对结冰条件下飞机安全边界确定方法与应用进行了初步研究，需要进一步深化并完善，后续研究将从以下几个方面展开。

(1)提高结冰飞机模型的精度。本书对结冰飞机的建模主要是基于结冰影响估算模型，该模型能反映出结冰飞机气动特性变化的基本趋势。但对于特定的飞机，应该基于风洞试验和 CFD 等数值仿真技术建立更高精度的结冰飞机模型，为其稳定域和安全集分析提供更加坚实的基础。

(2)完善结冰飞机安全预警与操纵指引系统。本书只是对基于数据库和HUD 的结冰飞机安全预警与操纵指引系统进行了初步的设计和实现。该系统对于增强驾驶员结冰飞行科目的培训、增强驾驶员在结冰条件下的情景意识、提升驾驶员在结冰条件下的操纵应对能力具有重要意义。因此完善具体的技术细节将是下一步工作的重点。

(3)关于结冰飞机横航向的安全分析问题。目前，由于还没有很好地解决高维系统(超过四维的系统)稳定域和安全集的计算量问题，本书在关于结冰飞机稳定域和安全集的分析中主要考虑了飞机的纵向动力学特性。当飞机结冰明显不对称或进入大迎角区域时，飞机横航向的动力学特性以及纵横耦合特性将变得明显。为更加全面、准确地分析结冰对飞行安全的影响，后期还应开展飞机横航向和纵横耦合的相关研究。

参 考 文 献

[1] Anghel M, Milano F, Papachristodoulou A. Algorithmic construction of Lyapunov functions for power system stability analysis[J]. IEEE Transactions on Circuits and Systems I: Regular Papers, 2013, 60(9): 2533-2546.

[2] Matthews M L, Williams C M. Region of attraction estimation of biological continuous boolean models[C]. IEEE International Conference on Systems, Man, and Cybernetics, Seoul, 2012: 1700-1705.

[3] Chakraborty A, Seiler P, Balas G J. Nonlinear region of attraction analysis for flight control verification and validation[J]. Control Engineering Practice, 2011, 19(4): 335-345.

[4] Pandita R, Chakraborty A, Seiler P, et al. Reachability and region of attraction analysis applied to GTM dynamic flight envelope assessment[C]. AIAA Guidance, Navigation, and Control Conference, Chicago, 2009: 1-20.

[5] Zubov V I. Methods of A. M. Lyapunov and Their Application[M]. Groningen: Noordhoff Groningen, 1964.

[6] Hahn W. Stability of Motion[M]. Berlin: Springer, 1967.

[7] Vannelli A, Vidyasagar M. Maximal Lyapunov functions and domains of attraction for autonomous nonlinear systems[J]. Automatica, 1985, 21(1): 69-80.

[8] Camilli F, Grüne L, Wirth F. Control Lyapunov functions and Zubov's method[J]. SIAM Journal on Control and Optimization, 2008, 47(1): 301-326.

[9] Camilli F, Grüne L, Wirth F. A generalization of Zubov's method to perturbed systems[J]. SIAM Journal on Control and Optimization, 2001, 40(2): 496-515.

[10] Camilli F, Grüne L, Wirth F. A regularization of Zubov's equation for robust domains of attraction[R]. London: Springer, 2000: 277-289.

[11] Khalil H K. Nonlinear Systems[M]. 3rd ed. Upper Saddle River: Prentice Hall, 2002.

[12] Chiang H D, Hirsch M W, Wu F F. Stability regions of nonlinear autonomous dynamical systems[J]. IEEE Transactions on Automatic Control, 1988, 33(1): 16-27.

[13] Zaborszky J, Huang G, Zheng B, et al. A counterexample of a theorem by Tsolas et al. and an independent result by Zaborszky et al.[J]. IEEE Transactions on Automatic Control, 1988, 33(3): 316-317.

[14] Alberto L F C, Chiang H D. Characterization of stability region for general autonomous nonlinear dynamical systems[J]. IEEE Transactions on Automatic Control, 2012, 57(6):

1564-1569.

[15] Chiang H D, Wang T. On the number and types of unstable equilibria in nonlinear dynamical systems with uniformly-bounded stability regions[J]. IEEE Transactions on Automatic Control, 2016, 61 (2): 485-490.

[16] Wang T, Chiang H D. On the number of unstable equilibrium points on spatially-periodic stability boundary[J]. IEEE Transactions on Automatic Control, 2016, 61 (9): 2553-2558.

[17] Valmorbida G, Anderson J. Region of attraction estimation using invariant sets and rational Lyapunov functions[J]. Automatica, 2017, 75: 37-45.

[18] Najafi E, Babuška R, Lopes G A D. A fast sampling method for estimating the domain of attraction[J]. Nonlinear Dynamics, 2016, 86 (2): 823-834.

[19] Giesl P, Hafstein S. Review on computational methods for Lyapunov functions[J]. Discrete and Continuous Dynamical Systems—Series B, 2015, 20 (8): 2291-2331.

[20] Chesi G. Estimating the domain of attraction for non-polynomial systems via LMI optimizations[J]. Automatica, 2009, 45 (6): 1536-1541.

[21] Fujisaki Y, Sakuwa R. Estimation of asymptotic stability regions via homogeneous polynomial Lyapunov functions[J]. International Journal of Control, 2006, 79 (6): 617-623.

[22] Chiang H D, Thorp J S. Stability regions of nonlinear dynamical systems: A constructive methodology[J]. IEEE Transactions on Automatic Control, 1989, 34 (12): 1229-1241.

[23] Khodadadi L, Samadi B, Khaloozadeh H. Estimation of region of attraction for polynomial nonlinear systems: A numerical method[J]. ISA Transactions, 2014, 53 (1): 25-32.

[24] Tan W, Packard A. Stability region analysis using polynomial and composite polynomial Lyapunov functions and sum-of-squares programming[J]. IEEE Transactions on Automatic Control, 2008, 53 (2): 565-571.

[25] Topcu U. Quantitative local analysis of nonlinear systems[R]. Berkeley: University of California, 2008.

[26] Lygeros J. On reachability and minimum cost optimal control[J]. Automatica, 2004, 40 (6): 917-927.

[27] Tomlin C, Lygeros J, Sastry S. A game theoretic approach to controller design for hybrid systems[J]. Proceedings of the IEEE, 2000, 88 (7): 949-970.

[28] Lygeros J, Tomlin C, Sastry S. Controllers for reachability specifications for hybrid systems[J]. Automatica, 1999, 35 (3): 349-370.

[29] Tomlin C, Lygeros J, Sastry S. Aerodynamic envelope protection using hybrid control[C]. Proceedings of the American Control Conference, Philadelphia, 1998: 1793-1796.

[30] Aubin J P, Bayen A M, Saint-Pierre P. Viability Theory: New Directions[M]. Berlin: Springer, 2011.

[31] Cardaliaguet P, Quincampoix M, Saint-Pierre P. Set-valued numerical analysis for optimal control and differential games[C]. Stochastic and Differential Games: Theory and Numerical Methods, Boston, 1999: 177-247.

[32] Alur R, Henzinger T A, Lafferriere G, et al. Discrete abstractions of hybrid systems[J]. Proceedings of the IEEE, 2000, 88(7): 971-984.

[33] Mitchell I, Bayen A M, Tomlin C J. Validating a Hamilton-Jacobi approximation to hybrid system reachable sets[C]. International Workshop on Hybrid Systems: Computation and Control, Berlin, 2001: 418-432.

[34] Osher S, Fedkiw R P. Level set methods: An overview and some recent results[J]. Journal of Computational Physics, 2001, 169(2): 463-502.

[35] Robert B. Aircraft icing[R]. Frederick: AOPA, 2013.

[36] Reehorst A L, Addy H E, Colantonio R O. Examination of icing induced loss of control and its mitigations[C]. Atmospheric and Space Environments Conference, Toronto, 2010: 1-10.

[37] Ranter H. Airliner accident statistics 2006[R]. Alexandria: Aviation Safety Network, 2007.

[38] Boeing. Statistical summary of commercial jet airplane accidents: Worldwide operations since 1959[R]. Chicago: Aviation Safety, Boeing Commercial Airplanes, 2009.

[39] Schuet S, Lombaerts T, Acosta D, et al. Autonomous flight envelope estimation for loss-of-control prevention[J]. Journal of Guidance, Control, and Dynamics, 2016, 40(4): 847-862.

[40] Belcastro C M. Validation of safety-critical systems for aircraft loss-of-control prevention and recovery[C]. AIAA Guidance, Navigation, and Control Conference, Minneapolis, 2012: 4987-5007.

[41] Kwatny H G, Dongmo J E T, Chang B C, et al. Nonlinear analysis of aircraft loss of control[J]. Journal of Guidance, Control, and Dynamics, 2013, 36(1): 149-162.

[42] Russell P, Pardee J. Joint safety analysis team-cast approved final report loss of control JSAT results and analysis[R]. Washington D.C.: Commercial Aviation Safety Team, 2000.

[43] Helsen R, van Kampen E J, de Visser C C, et al. Distance-fields-over-grids method for aircraft envelope determination[J]. Journal of Guidance, Control, and Dynamics, 2016, 39(7): 1470-1480.

[44] Ratvasky T P, Barnhart B P, Lee S. Current methods modeling and simulating icing effects

on aircraft performance, stability, control[J]. Journal of Aircraft, 2010, 47(1): 201-211.

[45] Broeren A P, Lee S, Shah G H. Aerodynamic effects of simulated ice accretion on a generic transport model[C]. International Conference on Aircraft and Engine Icing and Ground Deicing, Chicago, 2012: 1-17.

[46] Thomas S K, Cassoni R P, MacArthur C D. Aircraft anti-icing and de-icing techniques and modeling[J]. Journal of Aircraft, 1996, 33(5): 841-854.

[47] 卜雪琴, 郁嘉, 林贵平, 等. 机翼热气防冰系统设计[J]. 北京航空航天大学学报, 2010, 36(8): 927-930.

[48] Barnhart B P, Dickes E G, Gingras D R, et al. Simulation model development for icing effects flight training[C]. SAE Technical Paper Series, Wichita, 2002: 45-56.

[49] Deters R W, Dimock G A, Selig M S. Icing encounter flight simulator[J]. Journal of Aircraft, 2006, 43(5): 1528-1537.

[50] NTSB. National Transportation Safety Board, factual report on Cessna CE-208 Caravan accident on Oct. 21, 2001 at Dillingham: NTSB ID DCA02MA003[R]. Washington D.C.: National Transportation Safety Board, 2001.

[51] NTSB. Crash during approach to landing, Circuit City Stores, Inc., Cessna Citation 560, N500AT, Pueblo, CO, Feb. 16, 2005: Aircraft accident report NTSB/AAR-07/02[R]. Washington D.C.: National Transportation Safety Board, 2007.

[52] Council Aviation Safety. GE791 Occurrence investigation report, in-flight icing encounter and crash into the Sea Transasia Airways Flight 791, ATR72-200, B-22708, 17 kilometers southwest of Makung City, Penghu Islands, Taiwan, China, December 21, 2002: ASC-AOR-05-04-001[R]. Taipei: Council Aviation Safety, 2005.

[53] Australian Transport Safety Bureau. Inflight loss of control due to airframe icing SAAB 340B, VH-OLM, 28 June 2002: BO/2002030704[R]. Canberra: Australian Transport Safety Bureau, 2003.

[54] Dillingham G L. Preliminary information on aircraft icing and winter operations: GAO-10-441T[R]. Washing ton D.C.: United States Government Accountability Office, 2010.

[55] Green S D. A study of U.S. inflight icing accidents and incidents, 1978 to 2002[C]. The 44th AIAA Aerospace Sciences Meeting and Exhibit: Volume 2, Reno, 2006: 1331-1344.

[56] Appiah-Kubi P. U.S. Inflight Icing Accidents and Incidents, 2006 to 2010[D]. Knoxville: The University of Tennessee, 2011.

[57] 裴彬彬, 徐浩军, 薛源, 等. 基于复杂动力学仿真的结冰情形下飞行安全窗构建方法[J]. 航空学报, 2017, 38(2): 42-55.

[58] 谢燕生. 飞机结冰失事的分析和预防[J]. 国际航空, 1992, (12): 33-34.

[59] NTSB. Ryan international airlines DC-9-15, N565PC, loss of control on takeoff: NTSB-AAR-91-09[R]. Washington D.C.: National Transportation Safety Board, 1991.

[60] SHK Sweden. Air traffic accident on 27 December 1991 at Gottrora, AB County: SHK C1993:57[R]. Stockholm: SHK Sweden, 1993.

[61] BEA. Accident on 27 November 2008 off the coast of Canet-Plage (66) to the Airbus A320-232 registered D-AXLA operated by XL airways Germany[R]. Paris: Bureau d'Enquêtes et d'Analyses pour la Sécurité de l'Aviation Civile, 2010.

[62] 徐悦, 陶建伟. 民用飞机新结冰条款的大气数据传感器防冰系统设计研究[J]. 科技经济导刊, 2018, 26(24): 44-46.

[63] 陈维建, 张大林. 飞机机翼结冰过程的数值模拟[J]. 航空动力学报, 2005, 20(6): 1010-1017.

[64] Papadakis M, Alansatan S, Seltmann M. Experimental study of simulated ice shapes on a NACA0011 airfoil: AIAA 99-0096[R]. Reno: AIAA, 1999.

[65] Potapczuk M G, Berkowitz B M. An experimental investigation of multi-element airfoil ice accretion and resulting performance degradation[C]. The 27th Aerospace Sciences Meeting, Reno, 1989: 575-588.

[66] Kreeger R E. Overview of icing research at NASA Glenn: GRC-E-DAA-TN7983[R]. Cleveland: NASA, 2013.

[67] Ratvasky T R, Vanzante J F, Riley J T. NASA/FAA tailplane icing program overview[C]. The 37th Aerospace Sciences Meeting and Exhibit, Reno, 1999: 1-35.

[68] Ratvasky T P, Vanzante J F, Sim A. NASA/FAA tailplane icing program: Flight test report: ADA377242[R]. Cleveland: NASA Glenn Research Center, 2000.

[69] Bragg M, Broeren A, Addy H, et al. Airfoil ice-accretion aerodynamic simulation[C]. The 45th AIAA Aerospace Sciences Meeting and Exhibit, Reno, 2007: 131-153.

[70] Bragg M, Hutchison T, Merret J. Effect of ice accretion on aircraft flight dynamics[C]. The 38th Aerospace Sciences Meeting and Exhibit, Reno, 2000: 721-738.

[71] Harireche O, Verdin P, Thompson C P, et al. Explicit finite volume modeling of aircraft anti-icing and de-icing[J]. Journal of Aircraft, 2008, 45(6): 1924-1936.

[72] FAA: Pilot guide: Flight in icing conditions[R]. Washington D.C.: U.S. Department of Transportation, Federal Aviation Administration, 2011.

[73] Bragg M B, Broeren A P, Blumenthal L A. Iced-airfoil aerodynamics[J]. Progress in Aerospace Sciences, 2005, 41(5): 323-362.

[74] Potapczuk M G. Aircraft icing research at NASA Glenn research center[J]. Journal of Aerospace Engineering, 2013, 26(2): 260-276.

[75] Carroll T, McAvoy W H. Formation of ice on airplanes[J]. Airway Age, 1928, 9: 58-59.

[76] Kopp W. Danger of ice formation on airplanes[R]. Washington D.C.: NACA, 1929.

[77] Carroll T, McAvoy W H. The formation of ice upon airplanes in flight[R]. Washington D.C.: NACA, 1929.

[78] Preston G M, Blackman C C. Effects of ice formation on airplane performance in level cruising flight: TN 1598[R]. Washington D.C.: NACA, 1948.

[79] Ranaudo R J, Mikkelsen K L, McKnight R C, et al. The measurement of aircraft performance and stability and control after flight through natural icing conditions: AIAA 86-9758[R]. Las Vegas: AIAA, 1986.

[80] Ranaudo R J, Reehorst A L, Potapczuk M G. An overview of the current NASA program on aircraft icing research[J]. SAE Transactions, 1988, 97: 977-994.

[81] Ranaudo J R, Batterson J G, Reehorst A L, et al. Determination of longitudinal aerodynamic derivatives using flight data from an icing research aircraft: AIAA-89-0754[R]. Reno: AIAA, 1989.

[82] Ratrasky T P, Ranaudo T P. Icing effects on aircraft stability and control determined from flight data: AIAA-1993-398[R]. Reno: AIAA, 1993.

[83] Ratvasky T P, Barnhart B P, Lee S. Flight testing an iced business jet for flight simulation model validation[C]. The 45th AIAA Aerospace Sciences Meeting and Exhibit, Reno, 2007: 1419-1432.

[84] Mabey D G. Rotorcraft icing: Progress and potential[R]. Cleveland: Defense Technical Information Center, 1986.

[85] 易贤. 飞机积冰的数值计算与积冰试验相似准则研究[D]. 绵阳: 中国空气动力研究与发展中心, 2007.

[86] Bhargava C, Loth E, Potapczuk M. Simulating the aerodynamics of the NASA John H. Glenn icing research tunnel[J]. Journal of Aircraft, 2005, 42(3): 671-684.

[87] Broeren A, Bragg M, Addy H, et al. Effect of high-fidelity ice accretion simulations on the performance of a full-scale airfoil model[C]. The 46th AIAA Aerospace Sciences Meeting and Exhibit, Reno, 2008: 1-20.

[88] Ansell P J, Bragg M B, Kerho M F. Stall warning using flap hinge moment measurements[J]. Journal of Aircraft, 2011, 48(5): 1822-1824.

[89] Ansell P J, Bragg M B, Kerho M F. Envelope protection system using flap hinge moment

measurements[C]. The 28th AIAA Applied Aerodynamics Conference, Chicago, 2010: 1-14.

[90] Gingras D R. Requirements and modeling of in-flight icing effects for flight training[C]. AIAA Modeling and Simulation Technologies, Boston, 2013: 1-23.

[91] Lee S, Barnhart B P, Ratvasky T P, et al. Dynamic wind-tunnel testing of a sub-scale iced business jet[C]. The 44th AIAA Aerospace Sciences Meeting and Exhibit, Reno, 2006: 1-14.

[92] Reehorst A, Potapczuk M, Ratvasky T, et al. Wind tunnel measured effects on a twin-engine short-haul transport caused by simulated ice accretions[C]. The 34th Aerospace Sciences Meeting and Exhibit, Reno, 1996: 1-17.

[93] Reehorst A, Potapczuk M, Ratvasky T, et al. Wind tunnel measured effects on a twin-engine short-haul transport caused by simulated ice accretions: Data report: NASA-TM-107419[R]. Reno: NASA Lewis Research Center, 1997.

[94] Kwon O H, Sankar L. Numerical study of the effects of icing on finite wing aerodynamics[C]. The 28th Aerospace Sciences Meeting, Reno, 1990: 1-13.

[95] Pulliam T H. Euler and thin layer Navier-Stokes codes: ARC2D, ARC3D[R]. San Jose: Notes for Computational Fluid Dynamics User's Workshop, 1984.

[96] Potapczuk M G. Navier-stokes analysis of airfoils with leading edge ice accretions[R]. Akron: NASA, 1993.

[97] Steinbrenner J, Wyman N, Chawner J. Development and implementation of Gridgen's hyperbolic PDE and extrusion methods[C]. The 38th Aerospace Sciences Meeting and Exhibit, Reno, 2000: 1-10.

[98] Pan J, Loth E. Reynolds-averaged Navier-Stokes simulations of airfoils and wings with ice shapes[J]. Journal of Aircraft, 2004, 41(4): 879-891.

[99] Mogili P, Thompson D S, Choo Y, et al. RANS and DES computations for a wing with ice accretion[C]. The 43rd AIAA Aerospace Sciences Meeting and Exhibit, Reno, 2005: 1-12.

[100] Alam M F, Walters D K, Thompson D S. Simulations of separated flow around an airfoil with ice shape using hybrid RANS/LES models[C]. The 29th AIAA Applied Aerodynamics Conference, Honolulu, 2011: 1-15.

[101] Alam M F, Thompson D S, Walters D K. Hybrid Reynolds-Averaged Navier-Stokes/ Large-Eddy simulation models for flow around an iced wing[J]. Journal of Aircraft, 2015, 52(1): 244-256.

[102] Wright W B. Validation results for LEWICE 3.0[C]. The 43rd AIAA Aerospace Sciences Meeting and Exhibit, Reno, 2005: 1-13.

[103] Wright W B. User Manual for the NASA Glenn Ice Accretion Code LEWICE. Version 2.2.2[M]. Glenn: NASA, 1999.

[104] Wright W B, Gent R W, Guffond D. DRA/NASA/ONERA collaboration on icing research. Part 2: prediction of airfoil ice accretion[R]. Washington D.C.: NASA, 1997.

[105] Nakakita K, Nadarajah S, Habashi W. Toward real-time aero-icing simulation of complete aircraft via FENSAP-ICE[J]. Journal of Aircraft, 2010, 47(1): 96-109.

[106] Reehorst A L. Prediction of ice accretion on a swept NACA 0012 airfoil and comparisons to flight test results[C]. The 30th Aerospace Sciences Meeting and Exhibit, Reno, 1992: 1-16.

[107] 裘燮纲, 韩凤华. 飞机防冰系统[M]. 南京: 南京航空航天大学出版社, 1996.

[108] 李勤红, 乔建军, 陈增江. Y7-200A 飞机自然结冰飞行试验[J]. 飞行力学, 1999, 17(2): 64-69.

[109] 李勤红, 乔建军. Y7-200A 飞机模拟冰型飞行试验[J]. 飞行力学, 1998, 16(3): 73-77.

[110] 田斌, 胡涛, 张超. FAR 25 部最新修正案分析[J]. 航空标准化与质量, 2014, (5): 41-45.

[111] 庄敏. 三年追云逐冰路 求风求雨求雪霜——ARJ21-700 飞机自然结冰试验纪实[J]. 大飞机, 2013, (5): 40-45.

[112] 王洪伟, 李先哲, 宋展. 通用飞机结冰适航验证关键技术及工程应用[J]. 航空学报, 2016, 37(1): 335-350.

[113] 闫鹏庆, 牛亚宏. 人工模拟结冰飞行试验技术研究[J]. 民用飞机设计与研究, 2018, 128(1): 71-74.

[114] 高扬. 国产新支线飞机发动机自然结冰试飞[J]. 科学技术与工程, 2017, 17(33): 188-192.

[115] 杨新亮. ARJ21-700飞机机翼防冰系统自然结冰试飞方法[J]. 飞行力学, 2014, 32(5): 460-463.

[116] 庄敏. ARJ21 万里寻冰记[J]. 大飞机, 2014, (2): 22-31.

[117] 易贤, 周志宏, 杜雁霞, 等. 考虑相变时间效应的结冰试验相似参数[J]. 实验流体力学, 2016, 30(2): 14-19.

[118] 周志宏, 易贤, 桂业伟, 等. 考虑水滴动力学效应的结冰试验相似准则[J]. 实验流体力学, 2016, 30(2): 20-25.

[119] 李伟斌, 魏东, 杜雁霞, 等. 动态结冰微观孔隙结构定量分析[J]. 航空学报, 2018, 39(2): 112-119.

[120] 易贤, 王斌, 李伟斌, 等. 飞机结冰冰形测量方法研究进展[J]. 航空学报, 2017,

38(2): 18-29.

[121] 易贤, 郭龙, 周志宏, 等. 基于等 Weber 数的结冰外形修正[J]. 空气动力学学报, 2016, 34(6): 697-703.

[122] 范洁川, 于涛. 飞机结冰风洞试验模拟研究[J]. 实验流体力学, 2007, 21(1): 68-72, 92.

[123] Zhang C, Liu H. Effect of drop size on the impact thermodynamics for supercooled large droplet in aircraft icing[J]. Physics of Fluids, 2016, 28(6): 062107.

[124] 李岩, 王绍龙, 易贤, 等. 绕轴旋转圆柱结冰特性结冰风洞试验[J]. 航空学报, 2017, 38(2): 116-126.

[125] 李岩, 王绍龙, 冯放, 等. 绕轴旋转翼型结冰分布的结冰风洞试验研究[J]. 哈尔滨工程大学学报, 2017, 38(4): 545-553.

[126] 赵克良, 周峰, 高鼎涵, 等. 复合材料夹层结构模拟冰型设计与分析[J]. 南京航空航天大学学报, 2013, 45(1): 33-37.

[127] 孔满昭, 段卓毅, 马玉敏. 机翼展向不同部位结冰对飞机气动力特性影响研究[J]. 实验流体力学, 2016, 30(2): 32-37.

[128] 常士楠, 苏新明, 邱义芬. 三维机翼结冰模拟[J]. 航空学报, 2011, 32(2): 212-222.

[129] 周志宏, 李凤蔚, 李广宁, 等. 多段翼型结冰数值模拟研究[J]. 西北工业大学学报, 2011, 29(1): 133-136.

[130] 杨胜华, 林贵平. 机翼结冰过程的数值模拟[J]. 航空动力学报, 2011, 26(2): 323-330.

[131] 杨秋明, 常士楠. 二维机翼结冰数值模拟[J]. 飞机工程, 2009, (2): 18-20.

[132] 蒋胜矩, 李凤蔚. 基于 N-S 方程的翼型结冰数值模拟[J]. 西北工业大学学报, 2004, 22(5): 559-562.

[133] 陈维建, 张大林. 瘤状冰结冰过程的数值模拟[J]. 航空动力学报, 2005, 20(3): 472-476.

[134] 桑为民, 李凤蔚, 施永毅. 结冰对翼型和多段翼型绕流及气动特性影响研究[J]. 西北工业大学学报, 2005, 23(6): 729-732.

[135] 付炜嘉, 桑为民, 雷熙微. 结冰对翼型及翼身组合体气动特性影响研究[J]. 航空计算技术, 2011, 41(1): 60-65.

[136] 张恒, 李杰, 龚志斌. 基于 IDDES 方法的翼型结冰失速分离流动数值模拟[J]. 空气动力学学报, 2016, 34(3): 283-288.

[137] 张恒, 李杰, 龚志斌. 多段翼型缝翼前缘结冰大迎角分离流动数值模拟[J]. 航空学报, 2017, 38(2): 56-69.

[138] 张力涛. 结冰后翼型、多段翼型及舵面的气动特性计算[D]. 南京: 南京航空航天大学, 2005.

[139] 周华, 胡世良. 圆形坚冰影响翼型气动性能的数值分析[J]. 力学季刊, 2007, 28(1): 28-33.

[140] 张强, 曹义华, 潘星, 等. 积冰对飞机飞行性能的影响[J]. 北京航空航天大学学报, 2006, 32(6): 654-657.

[141] 王明丰, 王立新, 黄成涛. 积冰对飞机纵向操稳特性的量化影响[J]. 北京航空航天大学学报, 2008, 34(5): 592-595.

[142] 张强, 刘艳, 高正红. 结冰条件下的飞机飞行动力学仿真[J]. 飞行力学, 2011, 29(3): 4-7, 11.

[143] 陈威, 徐浩军, 王小龙, 等. 非对称结冰条件下的飞机飞行动力学仿真[J]. 飞行力学, 2015, 33(6): 491-494, 499.

[144] 张强, 高正红. 基于六自由度方程的飞机结冰问题仿真[J]. 飞行力学, 2013, 31(1): 1-4.

[145] 蒋天俊. 结冰对飞机飞行性能影响的研究[D]. 南京: 南京航空航天大学, 2008.

[146] 王起达. 结冰后飞机的纵向稳定性和操纵性研究[D]. 南京: 南京航空航天大学, 2009.

[147] 钟长生, 张斌, 洪冠新. 结冰对平尾性能的影响及平尾失速分析[J]. 中国民航飞行学院学报, 2004, 15(6): 6-9, 12.

[148] 王健名, 徐浩军, 裴彬彬, 等. 平尾结冰对飞机动力学特性影响的仿真研究[J]. 飞行力学, 2016, 34(1): 18-21.

[149] 王健名, 徐浩军, 薛源, 等. 基于极值理论的平尾结冰飞行风险评估[J]. 航空学报, 2016, 37(10): 3011-3022.

[150] 袁坤刚, 曹义华. 结冰对飞机飞行动力学特性影响的仿真研究[J]. 系统仿真学报, 2007, 19(9): 1929-1932.

[151] 徐忠达, 苏媛, 曹义华. 平尾积冰对飞机纵向气动参数的影响[J]. 航空学报, 2013, 34(7): 1563-1571.

[152] 史刚, 李云. Y-8 飞机平尾积冰导致的飞行事故分析[J]. 飞行力学, 2011, 29(5): 84-86.

[153] 车竞, 邵元培, 丁娣. 大飞机机翼结冰条件下的纵向飞行动力学特性研究[J]. 飞行力学, 2018, 36(3): 1-4, 9.

[154] 邵元培, 车竞, 丁娣. 大飞机机翼结冰对飞行动力学特性影响研究[J]. 飞行力学, 2018, 36(1): 12-15, 19.

[155] 屈亮, 李颖晖, 袁国强, 等. 基于相平面法的结冰飞机纵向非线性稳定域分析[J]. 航空学报, 2016, 37(3): 865-872.

[156] Abzug M J, Larrabee E E. Airplane Stability and Control: A History of the Technologies That Made Avaiation Possible[M]. Cambridge: Cambridge University Press, 2002.

[157] Paranjape A, Sinha N K, Ananthkrishnan N. Use of bifurcation and continuation methods for aircraft trim and stability analysis-a state-of-the-art[C]. The 45th AIAA Aerospace Sciences Meeting and Exhibit, Reno, 2007: 1-16.

[158] Carroll J V, Mehra R K. Bifurcation analysis of nonlinear aircraft dynamics[J]. Journal of Guidance, Control, and Dynamics, 2012, 5(5): 529-536.

[159] Zagaynov G I, Goman M G. Bifurcation analysis of critical aircraft flight regimes[C]. Proceedings of the 14th Congress of ICAS: 84-4.2.1, Toulouse, 1984: 529-537.

[160] Cummings P A. Continuation method for qualitative analysis of aircraft dynamics: CR-2004-213035[R]. Hampton: NASA Langley Research Center, 2004.

[161] Coetzee E, Krauskopf B, Lowenberg M. Application of bifurcation methods to the prediction of low-speed aircraft ground performance[J]. Journal of Aircraft, 2010, 47(4): 1248-1255.

[162] Goman M, Fedulova E, Khramtsovsky A. Maximum stability region design for unstable aircraft with control constraints[C]. Guidance, Navigation, and Control Conference, San Diego, 1996: 1-15.

[163] Goman M G, Zagainov G I, Khramtsovsky A V. Application of bifurcation methods to nonlinear flight dynamics problems[J]. Progress in Aerospace Sciences, 1997, 33(9): 539-586.

[164] Mitchell I M. Comparing forward and backward reachability as tools for safety analysis[C]. International Conference on Hybrid Systems Computation and Control, Pisa, 2007: 428-443.

[165] Bayen A M, Mitchell I M, Oishi M M K, et al. Aircraft autolander safety analysis through optimal control-based reach set computation[J]. Journal of Guidance, Control, and Dynamics, 2007, 30(1): 68-77.

[166] Mitchell I M, Bayen A M, Tomlin C J. A time-dependent Hamilton-Jacobi formulation of reachable sets for continuous dynamic games[J]. IEEE Transactions on Automatic Control, 2005, 50(7): 947-957.

[167] Mitchell I M. The flexible, extensible and efficient toolbox of level set methods[J]. Journal of Scientific Computing, 2008, 35(2): 300-329.

[168] Stapel J, de Visser C, Kampen E V, et al. Efficient methods for flight envelope estimation through reachability analysis[C]. AIAA Guidance, Navigation, and Control Conference, San Diego, 2016: 1-21.

[169] Allen R C, Kwatny H G. Maneuverability and envelope protection in the prevention of aircraft loss of control[C]. Control Conference (ASCC), Kaohsiung, 2011: 381-386.

[170] Allen R, Kwatny H, Bajpai G. Safe set protection and restoration for unimpaired and impaired aircraft[C]. AIAA Conference on Guidance, Navigation and Control, Minneapolis, 2012: 1-9.

[171] Lombaerts T, Schuet S, Acosta D, et al. Piloted simulator evaluation of safe flight envelope display indicators for loss of control avoidance[J]. Journal of Guidance, Control, and Dynamics, 2016, 40(4): 948-963.

[172] van Oort E R. Adaptive backstepping control and safety analysis for modern fighter aircraft[D]. Zutphen: Delft University of Technology, 2011.

[173] Zhang Y, de Visser C C, Chu Q P. Online safe flight envelope prediction for damaged aircraft: A database-driven approach[C]. AIAA Modeling and Simulation Technologies Conference, San Diego, 2016: 1189-1201.

[174] Bhargava C, Loth E, Potapczuk M. Numerical simulating of icing clouds in the NASA Glenn icing research tunnel[J]. Journal of Aircraft, 2005, 42(6): 1442-1451.

[175] Potapczuk M, Miller D, Ide R, et al. Simulation of a bi-modal large droplet icing cloud in the NASA icing research tunnel[C]. The 43rd AIAA Aerospace Sciences Meeting and Exhibit, Reno, 2005: 1-13.

[176] Isaac G A, Ayers J K, Bailey M, et al. First results from the alliance icing research study II[C]. The 43rd AIAA Aerospace Sciences Meeting and Exhibit, Reno, 2005: 1-17.

[177] Pokhariyal D, Bragg M B, Hutchison T, et al. Aircraft flight dynamics with simulated ice accretion[C]. The 39th Aerospace Sciences Meeting and Exhibit, Reno, 2001: 1-17.

[178] Bragg M B, Perkins W R, Sarter N B, et al. An interdisciplinary approach to inflight aircraft icing safety[C]. The 36th AIAA Aerospace Sciences Meeting and Exhibit, Reno, 1998.

[179] Bragg M B, Basar T, Perkins W R, et al. Smart icing systems for aircraft icing safety[C]. The 40th AIAA Aerospace Sciences Meeting and Exhibit, Reno, 2002: 1-16.

[180] Merret J, Hossain K, Bragg M. Envelope protection and atmospheric disturbances in icing encounters[C]. The 40th AIAA Aerospace Sciences Meeting and Exhibit, Reno, 2002: 1-18.

[181] Hossain K N, Sharma V, Bragg M B, et al. Envelope protection and control adaptation in icing encounters[C]. The 41st Aerospace Sciences Meeting and Exhibit, Reno, 2003: 1-14.

[182] Gingras D R, Barnhart B P, Ranaudo R J, et al. Envelope protection for in-flight ice contamination[C]. The 47th AIAA Aerospace Sciences Meeting including the New Horizons Forum and Aerospace Exposition, Orlando, 2009: 1-15.

[183] Gingras D R, Barnhart B, Ranaudo R, et al. Development and implementation of a model-driven envelope protection system for in-flight ice contamination[C]. AIAA Guidance, Navigation, and Control Conference, Toronto, 2010: 1-17.

[184] Ranaudo R, Martos B, Norton B, et al. Piloted simulation to evaluate the utility of a real time envelope protection system for mitigating in-flight icing hazards[C]. AIAA Atmospheric and Space Environments Conference, Toronto, 2010: 1-35.

[185] Martos B, Ranaudo R, Norton B, et al. Development, implementation, and pilot evaluation of a model-driven envelope protection system to mitigate the hazard of in-flight ice contamination on a twin-engine commuter aircraft: NASA/CR-2014-218320[R]. Tullahoma: NASA, 2014.

[186] van Zante J, Bond T. Overview of NASA's in-flight icing education and training for pilots[C]. Aerospace Sciences Meeting and Exhibit, Reno, 2003: 1-26.

[187] van Zante J, Bond T. Update on NASA's icing training aids for pilots[C]. The 44th AIAA Aerospace Sciences Meeting and Exhibit, Reno, 2006: 1-32.

[188] Caliskan F, Aykan R, Hajiyev C. Aircraft icing detection, identification, and reconfigurable control based on Kalman filtering and neural networks[J]. Journal of Aerospace Engineering, 2008, 21(2): 51-60.

[189] Aykan R, Hajiyev C, Caliskan F. Aircraft icing detection, identification and reconfigurable control based on kalman filtering and neural networks: AIAA 2005-6220[C]. The AIAA Atmospheric Flight Mechanics Conference and Exhibit, San Francisco, 2005.

[190] 张智勇. 结冰飞行动力学特性与包线保护控制律研究[D]. 南京: 南京航空航天大学, 2006.

[191] 杜亮, 洪冠新. 结冰对飞机飞行包线影响分析及控制[J]. 飞行力学, 2008, 26(2): 9-12.

[192] 应思斌, 艾剑良. 飞机结冰包线保护对开环飞行性能影响与仿真[J]. 系统仿真学报, 2010, 22(10): 2273-2275, 2301.

[193] 应思斌. 飞机容冰飞行控制系统设计的理论与方法研究[D]. 上海: 复旦大学, 2010.

[194] Dong Y Q, Ai J L. Research on inflight parameter identification and icing location detection of the aircraft[J]. Aerospace Science and Technology, 2013, 29: 305-312.

[195] 周莉, 徐浩军, 杨哲, 等. 飞机在结冰条件下的最优边界保护方法[J]. 上海交通大学学报, 2013, 47(8): 1217-1221.

[196] 桂业伟, 周志宏, 李颖晖, 等. 关于飞机结冰的多重安全边界问题[J]. 航空学报, 2017, 38(2): 6-17.

[197] Haghighatnia S, Moghaddam R K. Enlarging the guaranteed region of attraction in nonlinear systems with bounded parametric uncertainty[J]. Journal of Zhejiang University Science C, 2013, 14(3): 214-221.

[198] Lyapunov A M. General Problem of the Stability of Motion [M]. Boca Raton: CRC Press, 1992.

[199] El-Guindy A, Han D, Althoff M. Estimating the region of attraction via forward reachable sets[C]. American Control Conference, Seattle, 2017: 1263-1270.

[200] Jafari R, Mathis F B, Mukherjee R, et al. Enlarging the region of attraction of equilibria of underactuated systems using impulsive inputs[J]. IEEE Transactions on Control Systems Technology, 2016, 24(1): 334-340.

[201] Yuan G Q, Li Y H. Estimation of the regions of attraction for autonomous nonlinear systems[J]. Transactions of the Institute of Measurement and Control, 2019, 41(1): 97-106.

[202] LaSalle J, Lefschetz S. Stability by Lyapunov's Direct Method with Applications[M]. New York: Academic Press, 1961.

[203] Genesio R, Tartaglia M, Vicino A. On the estimation of asymptotic stability regions: State of the art and new proposals[J]. IEEE Transactions on Automatic Control, 1985, 30(8): 747-755.

[204] Kellett C. Converse theorems in Lyapunov's second method[J]. Discrete and Continuous Dynamical Systems—Series B, 2015, 20: 333-2360.

[205] Jin L, Kumar R, Elia N. Reachability analysis based transient stability design in power systems[J]. International Journal of Electrical Power and Energy Systems, 2010, 32(7): 782-787.

[206] Wu M, Yan G F, Lin Z Y, et al. Characterization of backward reachable set and positive invariant set in polytopes[C]. American Control Conference, City of Saint Louis, 2009: 4351-4356.

[207] Baier R, Gerdts M. A computational method for non-convex reachable sets using optimal control[C]. European Control Conference Budapest, Hungary, 2009: 97-102.

[208] Krauskopf B, Osinga H M, Doedel E J, et al. A survey of methods for computing (un)stable manifolds of vector fields[J]. International Journal of Bifurcation and Chaos, 2005, 15(3): 763-791.

[209] Kuznetsov Y A. Elements of Applied Bifurcation Theory[M]. 2nd ed. New York: Springer, 1998.

[210] Guckenheimer J, Holmes P. Nonlinear Oscillations, Dynamical Systems and Bifurcations of Vector Fields[M]. 2nd ed. New York: Springer, 1986.

[211] Johnson M E, Jolly M S, Kevrekidis I G. Two-dimensional invariant manifolds and global bifurcations: Some approximation and visualization studies[J]. Numerical Algorithms, 1997, 14(1-3): 125-140.

[212] Krauskopf B, Osinga H M. Computing geodesic level sets on global (un)stable manifolds of vector fields[J]. The SIAM Journal on Applied Dynamical Systems, 2003, 2(4): 546-569.

[213] Guckenheimer J, Worfolk P. Dynamical Systems: Some Computational Problems[M]. Dordrecht: Springer, 1993.

[214] Dellnitz M, Hohmann A. A subdivision algorithm for the computation of unstable manifolds and global attractors[J]. Numerische Mathematik, 1997, 75(3): 293-317.

[215] Dellnitz M, Klus S, Ziessler A. A set-oriented numerical approach for dynamical systems with parameter uncertainty[J]. The SIAM Journal on Applied Dynamical Systems, 2017, 16(1): 120-138.

[216] Doedel E J, Champneys A R, Fairgrieve T F, et al. AUTO97: Continuation and Bifurcation Software for Ordinary Differential Equations[R]. Montreal: Concordia University, 1997.

[217] Guckenheimer J, Vladimirsky A. A fast method for approximating invariant manifolds[J]. The SIAM Journal on Applied Dynamical Systems, 2004, 3(3): 232-260.

[218] Peraire J, Peiró J, Morgan K. Advancing front grid generation[R]. New York: Handbook of Grid Generation, 1998.

[219] Frey P J, George P L. Mesh Generation[M]. 2nd ed. Hoboken: Wiley-ISTE, 2008.

[220] Henderson M E. Computing invariant manifolds by integrating fat trajectories[J]. The SIAM Journal on Applied Dynamical Systems, 2005, 4(4): 832-882.

[221] van den Berg J B, James J D M, Reinhardt C. Computing (un)stable manifolds with

validated error bounds: Non-resonant and resonant spectra[J]. Journal of Nonlinear Science, 2016, 26(4): 1055-1095.

[222] James J D M. Polynomial approximation of one parameter families of (un)stable manifolds with rigorous computer assisted error bounds[J]. Indagationes Mathematicae, 2015, 26(1): 225-265.

[223] Haro À, Canadell M, Figueras J L, et al. The Parameterization Method for Invariant Manifolds: From Rigorous Results to Effective Computations[M]. Cham: Springer, 2016.

[224] Cabré X, Fontich E, de la Llave R. The parameterization method for invariant manifolds III: Overview and applications[J]. Journal of Differential Equations, 2004, 218(2): 444-515.

[225] 李清都, 杨晓松. 二维不稳定流形的计算[J]. 计算物理, 2005, 22(6): 549-554.

[226] 贾蒙, 樊养余, 李慧敏. 基于自适应因子轨道延拓法的不变流形计算[J]. 物理学报, 2010, 59(11): 7686-7692.

[227] 孙恒义, 樊养余, 李慧敏, 等. 基于径向增长因子的二维不变流形计算[J]. 计算物理, 2011, 28(4): 621-625.

[228] 李清都, 杨晓松. 一种二维不稳定流形的新算法及其应用[J]. 物理学报, 2010, 59(3): 1416-1422.

[229] 李清都, 谭宇玲, 杨芳艳. 连续时间系统二维不稳定流形的异构算法[J]. 物理学报, 2011, 60(3): 33-39.

[230] 袁国强, 李颖晖. 二维稳定流形的自适应推进法[J]. 力学学报, 2018, 50(2): 405-414.

[231] Strikwerda J C. Finite Difference Schemes and Partial Differential Equations[M]. 2nd ed. Philadelphia: Society for Industrial and Applied Mathematics, 2004.

[232] Worring M, Smeulders A W M. Digital curvature estimation[J]. CVGIP: Image Understanding, 1993, 58(3): 366-382.

[233] Razdan A, Bae M. Curvature estimation scheme for triangle meshes using biquadratic Bézier patches[J]. Computer-Aided Design, 2005, 37(14): 1481-1491.

[234] Magid E, Soldea O, Rivlin E. A comparison of Gaussian and mean curvature estimation methods on triangular meshes of range image data[J]. Computer Vision and Image Understanding, 2006, 107(3): 139-159.

[235] Meyer M, Desbrun M, Schröder P, et al. Discrete Differential-Geometry Operators for Triangulated 2-Manifolds[M]. Berlin: Springer, 2003.

[236] Pinsky T. On the topology of the Lorenz system[J]. Proceedings of the Royal Society A: Mathematical, Physical and Engineering Sciences, 2017, 473 (2205) : 20170374.

[237] Djeridane B, Lygeros J. Neural approximation of pde solutions: An application to reachability computations[C]. The 45th IEEE Conference on Decision and Control, San Diego, 2006: 3034-3039.

[238] Teo R, Tomlin C J. Computing danger zones for provably safe closely spaced parallel approaches[J]. Journal of Guidance, Control, and Dynamics, 2003, 26 (3) : 434-442.

[239] Tekles N, Chongvisal J, Xargay E, et al. Design of a flight envelope protection system for NASA's transport class model[J]. Journal of Guidance, Control, and Dynamics, 2016, 40 (4) : 863-877.

[240] Osher S J, Fedkiw R P. Level Set Methods and Dynamic Implicit Surfaces[M]. New York: Springer, 2003.

[241] Sethian J A. Cambridge Monographs on Applied and Computational Mathematics 3: Level Set Methods and Fast Marching Method[M]. 2nd ed. Cambridge: Cambridge University Press, 1999.

[242] Melikyan A, Akhmetzhanov A, Hovakimyan N. On initial value and terminal value problems for Hamilton-Jacobi equations[J]. System and Control Letters, 2007, 56 (11-12) : 714-721.

[243] Ghosh R, Tomlin C. Symbolic reachable set computation of piecewise affine hybrid automata and its application to biological modelling: Delta-notch protein signalling[J]. IEEE Proceedings—Systems Biology, 2004, 1 (1) : 170-183.

[244] Crandall M G, Evans L C, Lions P L. Some properties of viscosity solutions of Hamilton-Jacobi equations[J]. Transactions of the American Mathematical Society, 1984, 282 (2) : 487-502.

[245] Jiang G S, Peng D. Weighted ENO schemes for Hamilton-Jacobi equations[J]. SIAM Journal on Scientific Computing, 2000, 21 (6) : 2126-2143.

[246] Mitchell I M, Susuki Y. Level set methods for computing reachable sets of hybrid systems with differential algebraic equation dynamics[C]. Proceeding of the 11th International Workshop on Hybrid Systems: Computation and Control, Louis, 2008: 630-633.

[247] Yuan G. ROAtoolbox[EB/OL]. https://bitbucket.org/GuoqiangYuan/roatoolbox. [2022-09-18].

[248] 刘世前. 现代飞机飞行动力学与控制[M]. 上海: 上海交通大学出版社, 2014.

[249] Stevens B L, Lewis F L. Aircraft Control and Simulation[M]. New York: John Wiley and Sons, 1992.

[250] 李杰. 背景飞机几何外形构建与气动参数计算[R]. 西安: 西北工业大学, 2015.

[251] Cunningham K, Cox D E, Murri D G, et al. A piloted evaluation of damage accommodating flight control using a remotely piloted vehicle[C]. AIAA Guidance, Navigation, and Control Conference, American Institute of Aeronautics and Astronautics, Portland, 2011: 1-20.

[252] Cox D, Cunningham K, Jordan T. Subscale flight testing for aircraft loss of control: Accomplishments and future directions[C]. AIAA Guidance, Navigation, and Control Conference, Minneapolis, 2012: 1-18.

[253] Cox D E. GTM_DesignSim[R/OL]. https://github.com/nasa/GTM_DesignSim. [2022-07-18].

[254] 于庆芳. Y12-II 型飞机结冰对其飞行特性影响的试飞研究[J]. 飞行力学, 1995, 13(2): 63-70.

[255] Bragg M B. Experimental aerodynamic characteristics of an NACA 0012 airfoil with simulated glaze ice[J]. Journal of Aircraft, 1988, 25(9): 849-854.

[256] 马超. 飞行器积冰的数值模拟研究[D]. 北京: 北京航空航天大学, 2012.

[257] Lampton A, Valasek J. Prediction of icing effects on the dynamic response of light airplanes[J]. Journal of Guidance, Control, and Dynamics, 2007, 30(3): 722-732.

[258] Hui K, Wolde M, Brown A, et al. Flight dynamics model of turboprop transport aircraft icing effects based on preliminary flight data: AIAA-2005-1068[R]. Reno: AIAA, 2005.

[259] Lampton A, Valasek J. Prediction of icing effects on the lateral/directional stability and control of light airplanes[J]. Aerospace Science and Technology, 2012, 23(1): 305-311.

[260] Bragg M B. Aircraft aerodynamic effects due to large droplet ice accretions[C]. The 34th Aerospace Sciences Meeting and Exhibit, Reno, 1996: 1-14.

[261] 屈亮. 结冰条件下的飞机非线性稳定域确定方法及应用研究[D]. 西安: 空军工程大学, 2016.

[262] Zheng W J, Li Y H, Qu L, et al. Dynamic envelope determination based on differential manifold theory[J]. Journal of Aircraft, 2017, 54(5): 2005-2009.

[263] 郑无计, 李颖晖, 屈亮, 等. 基于正规形法的结冰飞机着陆阶段非线性稳定域[J]. 航空学报, 2017, 38(2): 105-115.

[264] 朱东宇. 翼型结冰过程的数值模拟[D]. 南京: 南京航空航天大学, 2009.

[265] 苏媛, 徐忠达, 吴祯龙. 飞机积冰后若干飞行力学问题综述[J]. 航空动力学报, 2014, 29(8): 1878-1893.

[266] Bragg M B, Gregorek G M. Aerodynamic characteristics of airfoils with ice accretions[C]. The 20th Aerospace Sciences Meeting, Orlando, 1982: 1-12.

[267] Rankin J, Coetzee E, Krauskopf B, et al. Bifurcation and stability analysis of aircraft turning on the ground[J]. Journal of Guidance, Control, and Dynamics, 2012, 32(2): 500-511.

[268] Dimitriadis G. Bifurcation analysis of aircraft with structural nonlinearity and freeplay using numerical continuation[J]. Journal of Aircraft, 2008, 45(3): 893-905.

[269] 黎康, 方振平. 分叉分析方法在大迎角控制律设计中的应用[J]. 航空学报, 2003, 24(4): 289-292.

[270] 袁国强, 李颖晖, 徐浩军, 等. 积冰对飞机本体纵向非线性动力学稳定域的影响[J]. 西安交通大学学报, 2017, 51(9): 153-158.

[271] 袁国强, 李颖晖, 屈亮, 等. 积冰条件下飞机本体纵向非线性动力学稳定域分析[C]. 航空科学与技术全国博士生学术论坛, 西安, 2016: 1-5.

[272] 曹启蒙, 李颖晖, 徐浩军. 基于线性矩阵不等式的电传飞机人机闭环系统稳定域[J]. 航空学报, 2013, 34(1): 19-27.

[273] Qi X, Zhongke S. Bifurcation analysis and stability design for aircraft longitudinal motion with high angle of attack[J]. Chinese Journal of Aeronautics, 2015, 28(1): 250-259.

[274] Reehorst A, Potapczuk M, Choo Y, et al. Study of icing effects on performance and controllability of an accident aircraft[J]. Journal of Aircraft, 2000, 37(2): 253-259.

[275] Maciejowski J M, Jones C N. MPC fault-tolerant flight control case study: Flight 1862[J]. IFAC Proceedings Volumes, 2003, 36(5): 119-124.

[276] Smaili M H, Mulder J A. Flight data reconstruction and simulation of the 1992 Amsterdam Bijlmermeer airplane accident[C]. Modeling and Simulation Technologies Conference, Reston, 2000: 1-16.

[277] Yuan G Q, Li Y H. Effect of ice accretion on safe flight envelope[C]. Institute of Electrical and Electronics Engineers Chinese Society of Aeronautics and Astronautics Guidance, Navigation and Control Conference, Xiamen, 2018: 1-10.

[278] Hieber S E, Koumoutsakos P. A Lagrangian particle level set method[J]. Journal of Computational Physics, 2005, 210(1): 342-367.

[279] Granato G, Zidani H. Level-set approach for reachability analysis of hybrid systems under lag constraints[J]. SIAM Journal on Control and Optimization, 2014, 52(1): 606-628.

[280] Falcone M, Ferretti R. Semi-Lagrangian schemes for Hamilton-Jacobi equations, discrete representation formulae and Godunov methods[J]. Journal of Computational Physics, 2002, 175(2): 559-575.

[281] Shi W D, Xu J J, Shu S. A simple implementation of the Semi-Lagrangian level-set method[J]. Advances in Applied Mathematics and Mechanics, 2016, 9(1): 104-124.

[282] Boeing. Statistical summary of commercial jet airplane accidents worldwide operations: 1959—2015[R]. Chicago: Aviation Safety, Boeing Commercial Airplanes, 2016.

[283] Airbus Customer Services. Human performance: Enhancing situational awareness[R]. Toulouse: Airbus, 2007.

[284] Deng F M, Wang C Q, Liang X D. Fuzzy Comprehensive Evaluation Model for Flight Safety Evaluation Research Based on an Empowerment Combination[M]. Singapore: Springer, 2017.

[285] Pei B B, Xu H J, Xue Y. Flight-safety space and cause of incident under icing conditions[J]. Journal of Guidance, Control, and Dynamics, 2017, 40(11): 2983-2990.

[286] 裴彬彬. 基于复杂动力学仿真的结冰飞机致灾机理与防护方法研究[D]. 西安: 空军工程大学, 2017.

[287] Zadeh L A. Fuzzy sets[J]. Information and Control, 1965, 8(3): 338-353.

[288] Dubois D, Prade H. Fuzzy Sets and Systems: Theory and Applications[M]. New York: Academic Press, 1980.

[289] Zadeh L A. Fuzzy logic[J]. Computer, 1988, 1(4): 83-93.

[290] Lee C C. Fuzzy logic in control systems: Fuzzy logic controller—Parts 1 and 2[J]. IEEE Transactions on Systems Man and Cybernetics, 1990, 20(2): 404-435.

[291] Zadeh L A. Knowledge representation in fuzzy logic[J]. IEEE Transactions on Knowledge and Data Engineering, 1989, 1(1): 89-100.

[292] Mamdani E H, Assilian S. An experiment in linguistic synthesis with a fuzzy logic controller[J]. International Journal of Man-Machine Studies, 1975, 1(1): 1-13.

[293] Mamdani E H. Advances in the linguistic synthesis of fuzzy controllers[J]. International Journal of Man-Machine Studies, 1976, 8(6): 669-678.

[294] Mamdani E H. Applications of fuzzy logic to approximate reasoning using linguistic synthesis[J]. IEEE Transactions on Computers, 1977, 26(12): 1182-1191.

[295] Yager R R, Filev D P. Generation of fuzzy rules by mountain clustering[J]. Journal of Intelligent and Fuzzy Systems, 1994, 2(3): 209-219.

[296] Naish J M. Application of the head-up display (HUD) to a commercial jet transport[J].

Journal of Aircraft, 1972, 9(8): 530-536.

[297] Spitzer C R, Ferrell U, Ferrell T. Digital Avionics Handbook[M]. Boca Raton: CRC Press, 2015.

[298] 费益, 季小琴, 程金陵. 平视显示系统在民用飞机上的应用[J]. 电光与控制, 2012, 19(3): 95-99.

[299] 刘晨, 王志良, 吴成宝. 平视显示系统在波音 737NG 上的应用与维护特点[J]. 价值工程, 2016, 35(31): 122-124.

[300] 中国民用航空局. 平视显示器应用发展路线图[R]. 北京: 中国民用航空局, 2012.

[301] 布罗克豪斯. 飞行控制[M]. 金长江, 译. 北京: 国防工业出版社, 1999.

[302] de Visser C, Mulder J A, Chu Q P. Global nonlinear aerodynamic model identification with multivariate splines[C]. AIAA Atmospheric Flight Mechanics Conference, Chicago, 2009: 1-22.

[303] de Visser C, Mulder J A, Chu Q P. A multidimensional spline based global nonlinear aerodynamic model for the Cessna Citation II[C]. AIAA Atmospheric Flight Mechanics Conference, Toronto, 2010: 1-18.

[304] Brandon J M, Morelli E A. Real-time onboard global nonlinear aerodynamic modeling from flight data[C]. AIAA Atmospheric Flight Mechanics Conference, Atlanta, 2014: 1261-1297.

[305] Tol H J, de Visser C C, van Kampen E, et al. Nonlinear multivariate spline-based control allocation for high-performance aircraft[J]. Journal of Guidance, Control, and Dynamics, 2014, 37(6): 1840-1862.

[306] 丁娣, 车竞, 汪清, 等. 飞机结冰在线辨识方法研究[J]. 空气动力学学报, 2016, 34(6): 704-708, 737.

[307] 丁娣, 车竞, 钱炜祺, 等. 基于 H_∞ 算法的飞机机翼结冰气动参数辨识[J]. 航空学报, 2018, 39(3): 71-82.

[308] Goraj Z. An overview of the deicing and anti-icing technologies with prospects for the future[C]. The 24th International Congress of the Aeronautical Sciences, Yokohama, 2004: 1-11.

[309] Jarvinen P. Aircraft ice detection method[C]. The 45th AIAA Aerospace Sciences Meeting and Exhibit, Reno, 2007: 1-16.

[310] Caliskan F, Hajiyev C. A review of in-flight detection and identification of aircraft icing and reconfigurable control[J]. Progress in Aerospace Sciences, 2013, 60: 12-34.